Roman Ladig

„Mit vereinten Kräften"

Roman Ladig

„Mit vereinten Kräften"

Zusammenspiel von Proteintransportkomplexen der chloroplastidären Hüllmembranen

Südwestdeutscher Verlag für Hochschulschriften

Impressum / Imprint
Bibliografische Information der Deutschen Nationalbibliothek: Die Deutsche Nationalbibliothek verzeichnet diese Publikation in der Deutschen Nationalbibliografie; detaillierte bibliografische Daten sind im Internet über http://dnb.d-nb.de abrufbar.
Alle in diesem Buch genannten Marken und Produktnamen unterliegen warenzeichen-, marken- oder patentrechtlichem Schutz bzw. sind Warenzeichen oder eingetragene Warenzeichen der jeweiligen Inhaber. Die Wiedergabe von Marken, Produktnamen, Gebrauchsnamen, Handelsnamen, Warenbezeichnungen u.s.w. in diesem Werk berechtigt auch ohne besondere Kennzeichnung nicht zu der Annahme, dass solche Namen im Sinne der Warenzeichen- und Markenschutzgesetzgebung als frei zu betrachten wären und daher von jedermann benutzt werden dürften.

Bibliographic information published by the Deutsche Nationalbibliothek: The Deutsche Nationalbibliothek lists this publication in the Deutsche Nationalbibliografie; detailed bibliographic data are available in the Internet at http://dnb.d-nb.de.
Any brand names and product names mentioned in this book are subject to trademark, brand or patent protection and are trademarks or registered trademarks of their respective holders. The use of brand names, product names, common names, trade names, product descriptions etc. even without a particular marking in this works is in no way to be construed to mean that such names may be regarded as unrestricted in respect of trademark and brand protection legislation and could thus be used by anyone.

Coverbild / Cover image: www.ingimage.com

Verlag / Publisher:
Südwestdeutscher Verlag für Hochschulschriften
ist ein Imprint der / is a trademark of
AV Akademikerverlag GmbH & Co. KG
Heinrich-Böcking-Str. 6-8, 66121 Saarbrücken, Deutschland / Germany
Email: info@svh-verlag.de

Herstellung: siehe letzte Seite /
Printed at: see last page
ISBN: 978-3-8381-3626-4

Zugl. / Approved by: Halle (Saale), MLU, Diss., 2011

Copyright © 2013 AV Akademikerverlag GmbH & Co. KG
Alle Rechte vorbehalten. / All rights reserved. Saarbrücken 2013

*Der Grund dafür, daß
unser fühlendes wahrnehmendes
und denkendes Ich in unserem
naturwissenschaftlichen Weltbild
nirgends auftritt, kann leicht in
fünf Worten ausgedrückt werden:
Es ist selbst dieses Weltbild. Es ist
mit dem Ganzen identisch und
kann deshalb nicht als ein Teil
darin enthalten sein.*
Erwin Schrödinger

Inhaltsverzeichnis

Inhaltsverzeichnis I
Abkürzungsverzeichnis VI
1 Zusammenfassung 1
2 Einleitung 3
    2.1 Warum Proteinimport in Chloroplasten? 3
    2.2 Proteintransport in Plastiden 4
        2.2.1 Vom Transkript bis zur Initiation der Translation 4
        2.2.2 Fertiges Protein, was nun? 6
        2.2.3 Der klassische Komplex: Toc159/Toc34/Toc75 8
        2.2.4 Die Mechanismen der Translokation durch Toc 10
        2.2.5 Nach der Initiation der Translokation durch Toc 11
        2.2.6 Reifung des Vorläuferproteins / Abspaltung des Transitpeptids 14
3 Perspektive 15
    3.1 Folgerungen aus dem Stand der Forschung 15
    3.2 Ziel- & Fragestellung dieser Arbeit 16
4 Ergebnisse 18
    4.1 Grundlagenergebnisse 18
        4.1.1 Proteintransport am Chloroplasten, Darstellung mittels denaturierender SDS-PAGE 18
        4.1.2 Substratlokalisation innerhalb des Chloroplasten nach Import 21
        4.1.3 Nähere Charakterisierung von putativen Untereinheiten des TocTic-Apparates 23
        4.1.4 Evaluierung der Proteingelelektrophorese von *in organello* Importreaktionen unter nativen Bedingungen 27
    4.2 Evaluierung der „High Definition Native" (HDN) PAGE 32
        4.2.1 Vergleichende Auftrennung solubilisierter Mitochondrien mit verschiedenen nativen Gelelektrophoresetechniken 32

4.2.2 Vergleichende Auftrennung prominenter Proteinkomplexe von Chloroplasten und Thylakoiden... 34

4.2.3 Auftrennung von Proteinen der äußeren und inneren Hüllmembran von *P. sativum* Chloroplasten mittels verschiedener Nativgelsysteme........................... 36

4.2.4 Vergleichende Auftrennung von *in vitro* Translationen und Importreaktionen mit verschiedenen nativen PAGEs 38

4.3 Evaluierung der Parameter zur Analyse von *in organello* Importexperimenten mittels Nativgelelektrophorese.. 42

4.4 Charakterisierung der Transportintermediate 48

4.4.1 Native Darstellung der Importe verschiedener plastidärer Proteine 48

4.4.2 Evaluierung des Einflusses unterschiedlicher Energiebereitstellung für den Transportprozess auf die Intermediatbildung... 55

4.4.3 Einfluss der Translationssysteme bzw. der Artenzugehörigkeit der Chloroplasten 61

4.4.4 Untersuchung des zeitlichen Verlaufs des Proteintransportes am Chloroplasten 64

4.4.5 Lokalisierung von Transportintermediaten innerhalb der chloroplastidären Kompartimente.. 68

4.4.6 Kompetitions- und 2.Dimensionsanalyse 72

4.5 Identifikation der Transportintermediate 76

4.5.1 Antikörperbindungsexperiment 76

4.5.2 Zweidimensionale Gelelektrophoreseanalysen von Chloroplastenhüllmembran-Präparationen.. 78

4.5.3 Erweiterte Aufarbeitung der am Proteintransport beteiligten Komplexe. 88

5 Diskussion 91

5.1 Methodendiskussion 92

5.1.1 Präparierte Chloroplasten als *in vitro* Modell... 92

5.1.2 Solubilisierung von Membranproteinkomplexen 94

5.1.3 Native Gelelektrophorese 95

5.1.4 Isolierung von gemischten Hüllmembranen als Methode zur Präparation von Transportkomplexen 98

5.1.5 Welchen Einfluss hat das Synthesesystem der Transportsubstrate auf den chloroplastidären Proteinimport? 99

5.1.6 Warum ist das Konstrukt tpTPT_EGFP besonders geeignet, den Proteintransport zu untersuchen? 100

5.1.7 Wie beeinflusst die ATP-Depletion den Transportprozess? 103

5.2 Modelldiskussion 104

5.2.1 Welche Eigenschaften besitzen die Transportteilkomplexe? 104

5.2.2 Werden Membranproteine und lösliche Proteine des Stroma von unterschiedlichen Komplexen transportiert? 111

5.2.3 Induziert die Verfügbarkeit von Vorläuferprotein die Bildung der (Gesamt-) Transportmaschinerie oder konstituiert sie sich davon unabhängig? 114

5.2.4 Welche Rollen spielen die Tim17/22/23-Homologe beim Proteintransport am Chloroplasten? 116

5.2.5 Wie kann das Modell des Proteintransports in den Hüllmembranen des Chloroplasten erweitert werden? 117

6 Material&Methoden 120

6.1 Material 120

6.1.1 Organismen 120

6.1.2 Vektoren 121

6.1.3 Chemikalien 121

6.1.4 Enzyme 122

6.1.5 Reaktionskits 122

6.1.6 Größenstandards / Marker 123

6.1.7 Oligonukleotide / Nukleinsäuren 123

6.1.8 cDNA-Klone 124

6.1.9 Antikörper 126

6.1.10 Geräte & Zubehör 126

6.2 Molekularbiologische Methoden 127

6.2.1	Standardmethoden	127
6.2.2	Polymerasekettenreaktion (PCR)	127
6.2.3	Herstellung des pF3K_SII Plasmides	127
6.3	Proteinbiochemische Methoden	127
6.3.1	Isolation von Chloroplasten aus Spinat/Erbse/Luzerne	127
6.3.2	*in vitro* Synthese radioaktiv markierter Proteine	128
6.3.3	*in organello* Importexperimente	130
6.3.4	Veränderung der Energiebereitstellung für die Importreaktion	132
6.3.5	Fraktionierung der Chloroplasten	132
6.3.6	Native Solubilisierung der Membranproteine/Probenaufarbeitung	133
6.3.7	Importkompetition	134
6.3.8	SDS-PAGE nach Schägger	134
6.3.9	*Blue Native* PAGE	134
6.3.10	*high resolution Clear Native* PAGE	134
6.3.11	*High Definition Native* PAGE	135
6.3.12	Zweidimensionale Gelelektrophorese	135
6.3.13	Proteintransfer auf immobilisierende Membranen / Western-Blot	136
6.3.14	Immunodetektion mittels Chemilumineszenz	136
6.3.15	Stripping/Reprobing von Western-Blot-Membranen	137
6.3.16	Proteinfärbung	137
6.3.17	Autoradiographie	139
6.3.18	In-Gel katalytische Färbung	139
6.3.19	*Pulldown Assay* mittels Strep-Tag/Strep-Tactin-Interaktion	139
6.4	Sonstige Methoden	140
6.4.1	Bildauswertung/Bildbearbeitung	140
6.4.2	Textverarbeitung	140
7	Literatur- und Quellenangaben	141
8	Abbildungsverzeichnis	150

9	Tabellenverzeichnis	152
Publikationsliste		153
Danksagung		154

Abkürzungsverzeichnis

^{35}S	radioaktives Schwefelisotop	E-64	N-(trans-Epoxysuccinyl)-L-leucin-4-guanidinobutylamid
°C	Grad Celsius	E. coli	*Escherichia coli*
1D, 2D, 3D	eindimensional, zweidimensional, dreidimensional	ECL	*enzymatic chemiluminescence*
Abb.	Abbildung	EDTA	Ethylendiamintetraacetat
Amp	Ampicillin	EGFP	*enhanced green fluorescent protein*
ATP	Adenosin-5`-triphosphat	ER	endoplasmatisches Retikulum
AEBSF	4-(2-Aminoethyl)-benzensulfonylfluorid	(x) g	(vielfaches der) Erdbeschleunigung (9,81 m/s^2)
BN-PAGE	*blue native PAGE*	GMP-PNP	Guanosin 5'-[β,γ-imido]-triphosphat
BisTris	Bis(2-hydroxyethyl)amino-tris(hydroxymethyl)methan	GTP	Guanosin-5`-triphosphat
bp	Basenpaare	HDN-PAGE	*high definition native PAGE*
BSA	bovines Serumalbumin	HEPES	N-2-Hydroxyethylpiperazin-N`-2-ethansulfonsäure
bspw.	beispielsweise	HM	HEPES + Magnesium
bzw.	beziehungsweise	hrCN-PAGE	*high resolution Clear Native PAGE*
c	Konzentration		
C-Terminus	Carboxyterminus	HP~	Hüllprotein der Größe ~
ca.	circa	HRP	*Horseradish peroxidase*
CBB	*Coomassie brilliant blue*	Hsp	Hitzeschockprotein (...der Größe 70, 90, 100 kDa)
CMC	*critical micelle concentration*	IMR/IMS	Intermembranraum (*intermembrane space*)
ddH$_2$O	doppelt destilliertes Wasser		
DDM	Dodecylmaltosid	IVTL	*in vitro* Translation
DM	Decylmaltosid	kb	Kilobasen
DNA	Desoxyribonukleinsäure	kDa	Kilodalton
DnaK	prokaryotisches Homolog von Hsp70	M	Molar
DOC	Deoxycholsäure	m	reifes Protein (*mature protein*)
DTT	Dithiothreitol	MDa	Megadalton

mg	Milligramm	PS I	Photosystem I
µg	Mikrogramm	PVDF	Polyvinylidenfluorid
min	Minute	Retik	Kaninchenretikulozytenlysat
ml	Milliliter	RNA	Ribonukleinsäure
µl	Mikroliter	SDS	Natriumdodecylsulfat
mM	Millimolar	SIM	Saccharose-Isolationsmedium
µM	Mikromolar	So	*Spinacia oleracea*
mRNA	Botenribonukleinsäure	SPP	stromale Prozessierungspeptidase
N-Terminus	Aminoterminus	SRM	Sorbit-Resuspensionsmedium
NADH	Nicotinamidadenin-dinukleotid	STD	stromadirigierende Domäne (*stroma targeting domain*)
ng	Nanogramm	Tab.	Tabelle
nM	Nanomolar	tDOC	Taurodeoxycholsäure
nm	Nanometer	TGN	Tris-Glycin-Nativgel
NTP	Nukleosid-5`-triphosphat	Tic	Translokon an der inneren chloroplastidären Hüllmembran
OEC	Wasserspaltungsapparat (oxygen evolving complex)	Toc	Translokon an der äußeren chloroplastidären Hüllmembran
p	Vorläuferprotein (*precursor protein*)	TMH	Transmembranhelix
PAA	Polyacrylamid	Tris	Tris-(hydroxymethyl)-methylglycin
PAGE	Polyacrylamidgelelektrophorese	RPM	Umdrehungen pro Minute (*rotations per minutes*)
PBS	*phosphate buffered saline*	Rubisco	Ribulose-1,5-bisphosphat-carboxylase/-oxygenase
pBSC	pBluescript-Vektor		
PCR	Polymerasekettenreaktion (*polymerase chain reaction*)	v/v	Volumen pro Volumen
pH	negativer dekadischer Logarithmus der Protonenkonzentration	w/v	Masse pro Volumen
		yS_ATP	Adenosin 5'-[γ-thio]triphosphate
Präz	Präzipitat		
Ps	*Pisum sativum*	z.T.	zum Teil

1 Zusammenfassung

Die überwiegende Mehrheit der Plastidenproteine ist im Kern der Pflanzenzelle kodiert und wird als Vorläuferprotein mit einer N-terminalen Präsequenz, dem sogenannten Transitpeptid im Zytosol translatiert. Anschließend werden diese Proteine mittels der Translokasekomplexe der äußeren Hüllmembran (Toc-Komplex genannt) und der inneren Hüllmembran (Tic-Komplex) in das Organell transportiert. Im Rahmen dieser Arbeit wurde der Prozess des Proteintransports durch die dafür zuständigen Proteinkomplexe der beiden Hüllmembranen untersucht. Dies geschah hauptsächlich mit den zentralen Methoden des *in organello* Proteinimportes und anschließender Nativgelelektrophorese. Dabei wurde ausgehend von der *high resolution Clear Native* Gelelektrophorese diese Technik der nativen Auftrennung von Proteinkomplexen weiterentwickelt und die *High Definition Native* PAGE eingeführt. Diese besitzt herausragende Eigenschaften in der Auftrennung von Proteinproben unterschiedlichster Zusammensetzung und Eigenschaften. Dies wird u.a. durch eine diskontinuierliche pH-Wert-Verteilung im elektrophoretischen Feld erreicht, welche leicht alkalische Werte besitzt. Da die während des Proteintransports auftretenden Interaktionen transienter Natur und damit schwache Protein-Protein-Wechselwirkung sind, wurde der HDN-PAGE die hrCN-PAGE zur Seite gestellt, welche insgesamt etwas nativere Auftrennungseigenschaften besitzt.

Die gekoppelten Analysen ergaben ein distinktes, reproduzierbares Bandenmuster durch Auftrennung der Importreaktion in Abhängigkeit vom eingesetzten Substrat, den Importbedingungen und anderen Parametern. Dabei zeigten die Importreaktionen von bekannten und putativen TocTic-Untereinheiten Signalmuster, welche sich in drei verschiedene Klassen einordnen lassen: I Tic40 & Toc12, II Toc34 & HP30, III Tic110. Die Retardierung der Transportreaktion zur Erzeugung von Transportintermediaten wurde durch Verringerung der lokalen ATP-Konzentration, dem Einsatz von artifiziellen Substraten und der Benutzung des Retikulozyten-Translationssystems erreicht.

So konnten mindestens drei verschiedene Transportkomplexe beschrieben und in Zusammenhang gesetzt werden: Der so bezeichnete K700-Komplex wurde durch mehrere Untersuchungen als stromaler Chaperonin-Komplex (cpn60) identifiziert und sorgt für die „Nachbereitung" des Proteintransportes. Der K750-Komplex zeigt Eigenschaften des Toc-Kernkomplexes, welcher Toc34, Toc75 und Toc159 enthält und für die Initiation des Transportprozesses verantwortlich ist. Die Zusammensetzung wurde durch massenspektrometrische Untersuchungen bestätigt (Ladig et al., 2011). Der besonders auf yS_ATP-

Applikation während der Importreaktion reagierende K920-Komplex enthält Untereinheiten sowohl des Toc-, als auch des Tic-Komplexes. Er wirkt zwischen K750 und K700. Darüber hinaus gelang die Auflösung in seine Proteinuntereinheiten. Diese zeigt, dass neben Tic40 und Toc34 auch stromale Chaperone, wie z.B. Hsp93 und mind. 15 weitere Proteine K920 formen.

Der zur eingehenderen Charakterisierung der durch die radioaktiven Transportsubstrate markierten Proteinkomplexe notwendige „Brückenschlag" zur Isolation dieser gelang durch eine kombinierte Aufreinigung mittels Hüllmembranpräparation und anschließender zwei dimensionaler Gelelektrophorese. Dabei konnte zumindest ein Komplex deutlich den radioaktiven Signalen zugeordnet werden. Des Weiteren wurden mehrere hochmolekulare putative Transportkomplexe in ihrer Proteinuntereinheiten mit hoher Auflösung aufgetrennt. Einzelne davon wurden mittels Western-Analyse identifiziert.

Insgesamt wird mit den Ergebnissen dieser Arbeit das Modell des Proteintransports in den Hüllmembranen des Chloroplasten um mannigfaltigere und dynamischere Interaktionen zwischen Toc- und Tic-beinhaltenden Proteinkomplexen inklusive mehrerer molekularer Chaperone bestätigt und erweitert. Diese Erkenntnisse beruhen vor allem durch den Einsatz optimierter Nativgelmethoden. Die molekulare Maschine „Proteintransporter" in den chloroplastidären Hüllmembranen manifestiert sich dabei in verschiedenen hochmolekularen Proteinkomplexen, welche im Zusammenspiel die Translokation von Proteinen bewerkstelligen. Diese Proteinkomplexe lassen sich aber weniger einer „Membranbasis" (Toc – äußere Hüllmembran, Tic –innere Hüllmembran), sondern eher einer funktionellen Basis oder Klasse zuordnen.

2 Einleitung

2.1 Warum Proteinimport in Chloroplasten?

Die auf der synthetischen Evolutionstheorie aufbauende Theorie zur Herkunft der Mitochondrien und Chloroplasten als Organellen höherer Zellen hat in den letzten Jahren große Schritte gemacht. Dabei ist die sogenannte „Endosymbiontentheorie" von einer seriellen Ausprägung (Margulis and Bermudes, 1985), bei der die Symbiose nach einer Aufnahme von α-Proteobakterien in amitochondrielle Eukaryoten stattfand, hin zu einer Theorie mit parallelisierter und fluktuierender Entstehungsgeschichte der Eukaryoten weiterentwickelt worden (Criswell, 2009; de Duve, 2007; Embley and Martin, 2006; Pisani et al., 2007). Demnach ist es höchstwahrscheinlich, dass prokaryotische Zellen, die durch Weiterentwicklung ihrer Zellmembran und „Erfindung" eines Zytoskellets fähig zur endozytotischen Aufnahme von extrazellulärem Material wurden, die Vorläufer der Mitochondrien und/oder Chloroplasten aufnahmen und sich weiter zum eukaryotischen Zweig des Lebens entwickelten (Davidov and Jurkevitch, 2009). Dies geschah nach neuesten Untersuchungen in einem Zeitfenster von vor 0,9 bis 1,3 Milliarden Jahren (Brinkmann and Philippe, 2007; Cavalier-Smith, 2009).

Da der Endosymbiont nach diesem Prozess nun nicht mehr selbständig lebte, konnte er sich von verschiedenen genetischen Informationen lösen, die entweder redundant zu denen des Wirtes oder aber gänzlich unbrauchbar waren. Die eingeleitete Reduktion des Genoms des Organells geschah hauptsächlich durch den Transfer von Genkopien in den Kern der Wirtszelle (Blanchard and Lynch, 2000). So wurde z.B. herausgefunden, dass ungefähr 4.500 proteinkodierende Gene von *A. thaliana* aus dem plastidären Vorläufer stammen (Martin et al., 2002). Letztlich hat dieser massive Gentransfer die eukaryotische Zelle in die Lage versetzt, das Organell genetisch zu kontrollieren, u.a. auch um die negativen Effekte einer asexuellen Vermehrung zu kompensieren.

Um diesen Gentransfer zu koordinieren mussten von der eukaryotischen Zelle verschiedene Mechanismen etabliert werden, wie z.B. Genduplikation im Chromosom des Endosymbiont; Transfer der Kopie zum Zellkern; Ausstattung dieser Kopie mit Eigenschaften der Kernexpression und mit einem organellspezifischen Signal; Etablierung eines mRNA- und Proteintransportes, welcher auch die Zustellung in das Organell sichert; sowie die Abschaltung der Organellkopie (Berg and Kurland, 2000).

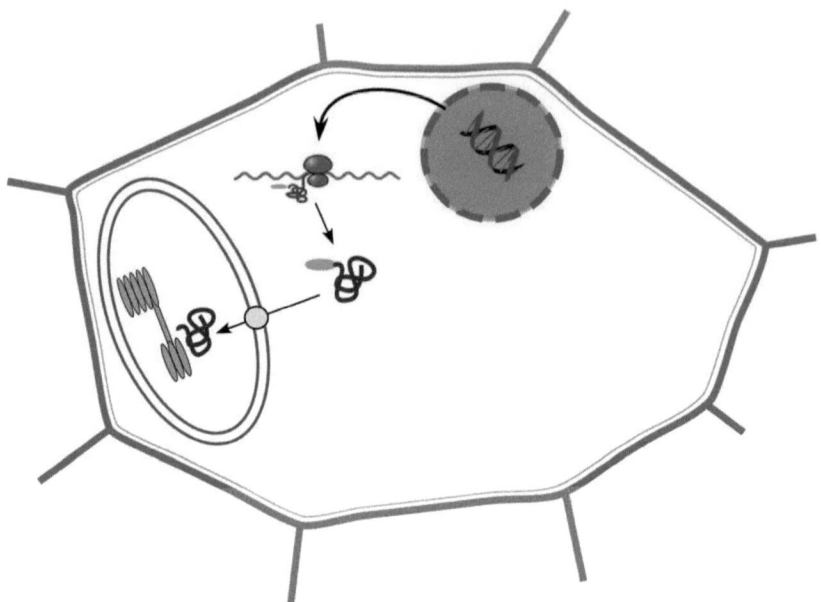

Abb. 1 Schema des Proteintransports in Chloroplasten. Die DNA wird im Zellkern (roter Kreis) abgeschrieben, danach im Zytosol translatiert und über den plastidären Importapparat (gelber Kreis) in den Chloroplasten (grün) importiert.

Zum Aufbau eines Proteinimportapparates veränderten die Vorläufer von Mitochondrien und Plastiden schon existierende (Membran-)Proteinkomplexe, die vornehmlich schon Transport von ähnlichen Makromolekülen bewerkstelligten. Im weiteren Text wird umfassend der Proteinimport in den Plastiden beschrieben, für weiterführende Informationen zur Evolution des mitochondriellen Transportapparates wird auf (Dolezal et al., 2006; Lister et al., 2005) verwiesen.

2.2 Proteintransport in Plastiden

2.2.1 Vom Transkript bis zur Initiation der Translation

Der mit dem Gentransfer etablierte Mechanismus des „Rücktransportes" von Proteinen zum Chloroplasten umfasst mehrere Stationen oder Transportabschnitte (Abb. 1). Der erste Abschnitt beginnt mit der Transkription der Chloroplastengene im Zellkern, zieht sich über die während und nach dem Kernexport stattfindende Reifung und Transport der mRNA bis zur Initiation der Translation (Crofts et al., 2005; Okita and Choi, 2002). Wo genau

2.2 Proteintransport in Plastiden

die Translation stattfindet, ist gegenwärtig in der Diskussion, analog zu den Mitochondrien sind dabei zytosolische und oder direkt am Chloroplasten befindliche Polysomen vorstellbar (Corral-Debrinski, 2007; Karlberg and Andersson, 2003). Interessant ist in diesem Zusammenhang die Korrelation der Herkunft der mitochondriellen Gene zu ihrem Ort der Translation. Dabei werden Gene, die von der (mehr oder weniger) eukaryotischen Wirtszelle stammen, überwiegend im Zytosol translatiert, wogegen Gene, die der Endosymbiont eingebracht hat, überwiegend direkt am Mitochondrium translatiert werden (Karlberg and Andersson, 2003). Über einen ähnlichen Mechanismus für Plastiden kann spekuliert werden, da auch mit Erweiterung der Theorie zur seriellen Endosymbiose dieses Szenario wahrscheinlicher wird.

Dabei spielt das eingangs erwähnte notwendige Signal zur Organellzugehörigkeit eines Proteins eine wesentliche Rolle. Die Natur dieses Signals wird heute bei Plastiden hauptsächlich dem Transitpeptid zugeschrieben (Bruce, 2000). Das Transitpeptid ist eine N-terminale Verlängerung des eigentlichen Proteins. Diese interagiert in der Zeit ihres kurzen Lebens u.a. mit Lipiden, molekularen Chaperonen, den Rezeptoren des Translokationsapparates vom Chloroplasten und mit terminalen Prozessierungsenzymen. Dabei existiert das Transitpeptid als struktur- und damit funktionsgebende Einheit erst nach dessen Translation. Abgeleitet davon wird das plastidäre Protein der Theorie nach (May and Soll, 2000) erst nach Translation dem Plastiden zugewiesen. Dies widerspricht z.T. einer im Zuge der Evolution des Proteintransportes zu vermutenden Etablierung einer umfassenden zellulären Informationssortierung. Plausibler erscheint ein gerichteter Informationstransport (sowohl RNA als auch Protein) als eine Kombination aus Zielinformationen in den unkodierenden Bereichen der mRNA (3' UTR der Apyrase aus Erbse), welche diese zum spezifischen Ort der Translation bringen (Shibata et al., 2001). Und anschließend ein Transitpeptid-vermittelter Nahtransport mit unmittelbar darauf folgender Translokation in den Chloroplasten.

Welche Wege eine Protein beschreiten muss, um letztlich im Chloroplasten zu landen, zeigen (Villarejo et al., 2005) und (Faye and Daniell, 2006), bei denen auch das ER als ein Zwischenstopp von plastidären Proteinen beschrieben ist, welche hier kotranslationell synthetisiert werden. Zwar wurde dabei nicht gezeigt, dass nicht auch die generelle Importmaschinerie des Plastiden an der finalen Sortierung beteiligt ist, es zeigt jedoch, dass plastidäre Gene nicht nur über einen Weg in den Chloroplasten finden. Diese Annahme wird untermauert durch Belege von Kontaktstellen zwischen ER und Chloroplasten (Andersson et al., 2007a; Andersson et al., 2007b; Schattat et al., 2011).

2.2.2 Fertiges Protein, was nun?

Der zweite Abschnitt des Transportes von Information/Strukturen zum und in den Plastiden beginnt mit der Translation der mRNA. Vernachlässigt man dabei die oben erwähnte Ausnahme von der Regel, finden sich die Translationsprodukte nicht sofort in einem neuen Kompartiment wieder, sondern treten nach der Translation in eine Zwischenphase ein, bevor sie mit der Transportmaschinerie des Plastiden Kontakt aufnehmen. Deshalb bezeichnet man diesen Weg auch als posttranslationellen Import, da das Protein erst nach vollständiger Synthese weiter transportiert wird. Dabei spielt der zukünftige Aufenthaltsort im jeweiligen Plastidenkompartiment eine wesentliche Rolle, auf welchem Weg die Proteine in den Chloroplasten gelangen. Die Proteine der äußeren Hüllmembran nehmen hierin eine Sonderstellung ein, welche sich auch in ihrer Struktur wiederfindet. So konstituieren sich in diesem Kompartiment viele *β-barrel-* und *tail-anchored*-Proteine, die sich entweder selbstständig in die Membran integrieren (Schleiff und Klosgen, 2001) oder nichtkanonische Import- oder besser Integrationswege in die äußere Membran benutzen (Dhanoa et al., 2010; Hofmann and Theg, 2005). Proteine aller anderen Kompartimente (Intermembranraum, innere Hüllmembran, Stroma, Thylakoidmembran und Thylakoidlumen) benutzen dagegen im Allgemeinen den kanonischen Weg in den Plastiden. Natürlich gibt es auch Ausnahmen von der Regel, welche z.B. die chloroplastidäre Quinone:Oxidoreduktase der Hülle (ceQORH) (Miras et al., 2007) und die NADPH-abhängige Protochlorophyllid (*Pchlid*) Oxidoreduktase (POR) (Kim and Apel, 2004) sind.

Bevor die Proteine durch den kanonischen, den sogenannten TocTic-Weg (*translocase at the outer envelope membrane of the chloroplast & translocase at the inner envelope membrane of the chloroplast*) (Abb. 3), in den Chloroplasten importiert werden, müssen sie nach oben eingeführter Theorie der unterschiedlichen zellulären Distribution ihres Syntheseortes mehr oder weniger weit zum TocTic-Transportkomplex herangeführt werden. Dieser Transit wird vermutlich durch cytosolische Faktoren bewerkstelligt. Dazu wird u.a. das Transitpeptid phosphoryliert und bindet dann ein Hsp70-Homolog sowie ein 14-3-3 Protein, welche die Bewegung in Richtung Transportkomplex vermitteln (May and Soll, 2000). Egal wie weit das Protein im Zytosol transportiert wird, so sollte doch sichergestellt werden, dass es transportkompetent bleibt, d.h. nicht spontan nach der Synthese Faltungszustände einnimmt, die einen Transport oder die spätere Funktion einschränken. Die hierfür zu vermutende Wirkung von molekularen Chaperonen auf den reifen Teil des Proteins konnte nicht nachgewiesen werden (Rial et al., 2000). Dagegen wird angenommen, dass auch wenn es zu einschränkenden Faltungsvorgängen kommt, die Importmaschine des Chloroplasten eine derart hohe

2.2 Proteintransport in Plastiden

Entfaltungskraft besitzt, dass sie diese Strukturen wieder auflösen kann (Guera et al., 1993; Ruprecht et al., 2010).

Neben dem Hsp70-Weg werden manche Proteine auch über Chaperone der Hsp90-Klasse an die Chloroplastenoberfläche gebracht, wo sie an ein bestimmtes Rezeptorprotein (Toc64) binden, was die anschließende Translokation vermittelt (Qbadou et al., 2006). Dabei besitzt Toc64 eine zytosolisch exponierte sogenannte „*tetratricopeptide repeat*-(TPR)-Klammer", die eine Bindestelle für Chaperone darstellt und kann damit indirekt das Transportsubstrat binden. Diese Bindestelle besitzt eine hohe Affinität für Hsp90, weniger für Hsp70. Auch wenn Toc64 nicht essentiell für den Proteintransport ist (Aronsson et al., 2007; Rosenbaum Hofmann and Theg, 2005) scheint es einen alternativen Startpunkt für den plastidären Proteintransport darzustellen. Aber auch bei dem sogenannten Hsp90/Toc64-Weg gibt es keinen Hinweis darauf, dass zytosolische Faktoren mit dem reifen Teil des plastidären Proteins interagieren.

Nichtsdestotrotz wurde für das plastidäre Transitpeptid mehrfach Interaktionen mit Chaperonen der Hsp70-Klasse nachgewiesen, sowohl bei *in vivo* als auch bei *in vitro* Experimenten (Ivey and Bruce, 2000; May and Soll, 2000; Miernyk et al., 1992). Des Weiteren ergaben zwei *in silico* Analysen von Vorläuferproteinsequenzen mehrere hochaffine Bindungsstellen in Transitpeptiden für DnaK-Proteine, die Hsp70-Homologe aus *E. coli* darstellen

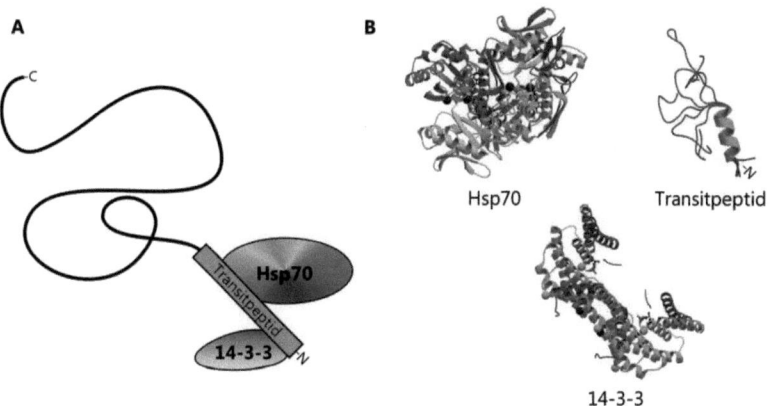

Abb. 2 Schema Transitpeptid Interaktoren im Zytosol. A Schematische Darstellung der Interaktionen des Transitpeptides im Zytosol. **B** Strukturdiagramme von Hsp70-Homologen (*human 70kDa heat shock protein 5*), Transitpeptid von FNR aus Chlamydomonas reinhardtii, 14-3-3 Protein Homologe (*human 14-3-3 sigma in Complex with Raf1 peptide*)

(Ivey et al., 2000; Rial et al., 2000). Der daraus abzuleitende Mechanismus des Transports des Vorläuferproteins zur TocTic-Maschinerie und der Initiation der Transports in den Chloroplasten kann mit einer „Transitpeptid-Zuerst!" Art und Weise beschrieben werden. Diese Hypothese zur Orientierung von Vorläuferproteinen zur Chloroplastenoberfläche wird noch deutlicher bei Betrachtung des Abstandes der zwei putativen Chaperone-Bindestellen im Transitpeptid. Diese liegen ungefähr 26 Aminosäuren auseinander, was lang genug ist, um eine Lipiddoppelschicht zu durchspannen und damit diese Bindestellen in zwei unterschiedlichen Kompartimenten zu präsentieren (Ivey et al., 2000). Dies impliziert zum einen eine tragende Rolle von Hsp70-Homologen beim Proteintransport in den Chloroplasten, zum anderen auch die herausragende Funktion des Transitpeptids als zentrales Element des Transportsubstrates für die Translokation über die plastidären Hüllmembransysteme.

2.2.3 Der klassische Komplex: Toc159/Toc34/Toc75

Die Proteine Toc159, Toc34 und Toc75 bilden den sogenannten Kernkomplex der Proteintranslokation an/in der äußeren Hüllmembran des Chloroplasten (Hirsch et al., 1994; Kessler et al., 1994; Schnell et al., 1994; Seedorf et al., 1995). Die Zahlen in der Abkürzung stehen für die molekularen Massen der Proteine in kDa. Diese Nomenklatur setzt sich in den weiteren Untereinheiten des Proteintransportapparates fort. Toc34 und Toc159 besitzen GTP-Bindedomänen und sind zur zytosolischen Seite hin exponiert. Ihre Hauptaufgabe als Rezeptorproteine besteht in der Vorläuferproteinerkennung. Toc75, ein *ß-barrel* Membranprotein ist tief in die äußere Hüllmembran des Plastiden eingelassen, was sich mit seiner zu vermutenden Funktion als Translokationskanal deckt (Hinnah et al., 1997; Hinnah et al., 2002). Toc34, Toc159 und Toc75 formen zusammen einen beständigen Komplex und können integriert in künstliche Membranvesikel Vorläuferproteine translozieren (Schleiff et al., 2003b). Daneben sind noch Toc12 und Toc64 (Becker et al., 2004a) als Untereinheiten des Toc-Komplexes beschrieben, die aber aufgrund nichtessentieller Funktionen dem Kernkomplex nicht zugeordnet werden. Die Stöchiometrie der Untereinheiten des Toc-Kernkomplexes wird unterschiedlich beschrieben: 6:6:2 in (Reddick et al., 2008) und 4:4:2 (Schleiff et al., 2003c) (Toc34:Toc75:Toc159). Toc159 wird in beiden Veröffentlichungen als die zentrale Komponente beschrieben. Im Organismus *A. thaliana*, der bekannt ist für seine vielen paralogen Genkopien, gibt es zwei Paraloge für Toc34 und je vier für Toc159 und Toc75. Untersuchungen haben ergeben, dass diese Paraloge in variable Kernkomplexe abhängig vom zu transportierenden Substrat assemblieren können (Ivanova et al., 2004).

2.2 Proteintransport in Plastiden

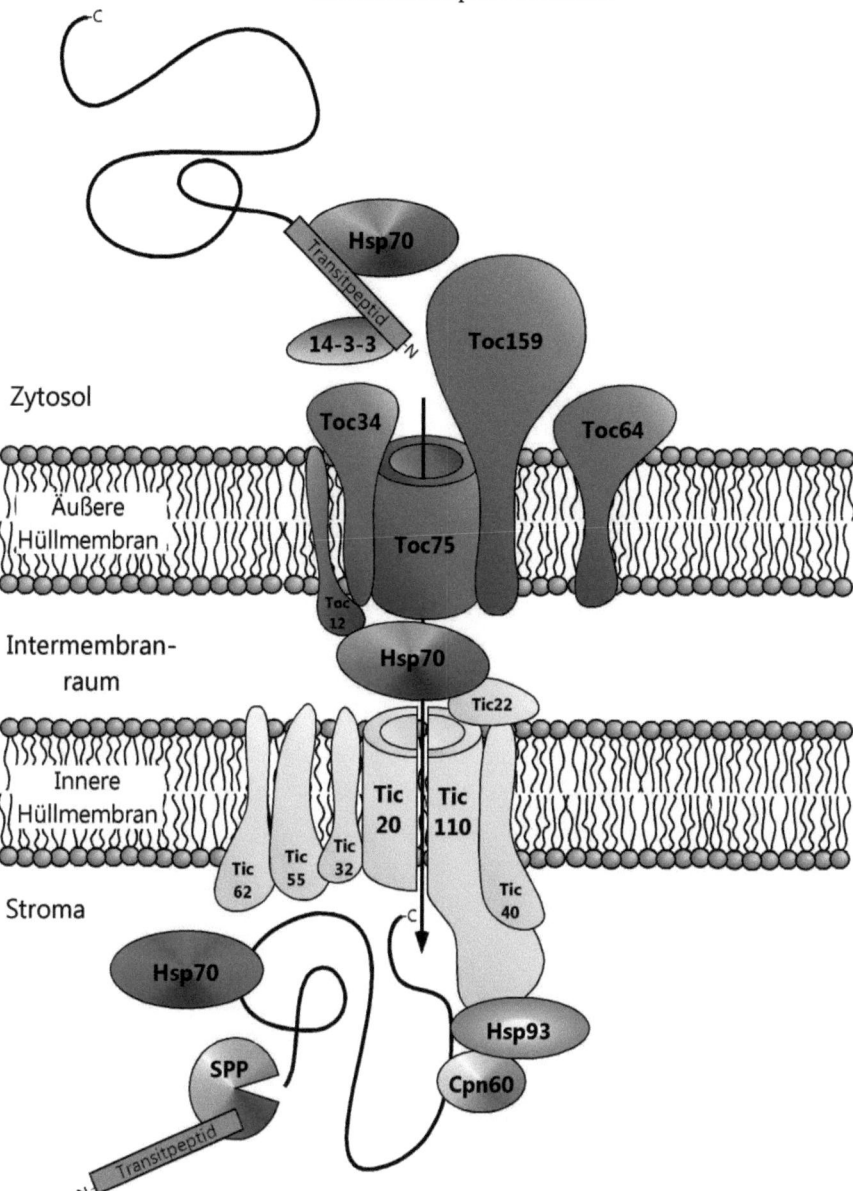

Abb. 3 Detailliertes Schema der Zusammensetzung der Proteintransportmaschinerie der Chloroplastenhülle. Das Vorläuferprotein (auch Transportsubstrat genannt, oben links) dockt an den Toc-Kernkomplex (rot) an, wird durch diesen in den Intermembranraum transloziert, wo es durch Interaktion mit u.a. Hsp70 und Tic22 an den Tic-Komplex weitergereicht wird. Dieser transloziert das Vorläuferprotein über einen Tic20/Tic110-Kanal unter Beteiligung weiterer Tic-Komponenten und der stromalen Chaperone Hsp60, Hsp70 und Hsp93 ins Stroma, wo final das Transitpeptid durch die SPP abgespalt wird. (Schema modifiziert nach (Hust, 2007))

2.2.4 Die Mechanismen der Translokation durch Toc

Momentan gibt es zwei kontroverse Modelle, die die Proteintranslokation über die äußere Hüllmembran erklären (Jarvis, 2008; Kessler and Schnell, 2002). Die Unterschiede finden sich vor allem in der frühen Phase der Translokation, der Initiation dieser Reaktion wieder.

Das sogenannte „Motor-Modell" sieht vor, dass ein phosphoryliertes Transitpeptid (Sveshnikova et al., 2000) durch Toc34 gebunden wird, welches damit als Primärrezeptor fungiert (Becker et al., 2004b). Die Bindung des Transitpeptides löst eine GTP-Hydrolyse durch Toc34 aus, gleichzeitig wird das Transitpeptid dephosphoryliert und der Vorläuferprotein/Toc34-Komplex lagert sich an Toc159 an. Dieses hydrolysiert nun ebenfalls GTP und erfährt dadurch eine erhebliche Konformationsänderung, bei der das Vorläuferprotein in den von Toc75 gebildeten Translokationskanal geschoben wird (Schleiff et al., 2003b). Wiederholungen dieser mit der GTP-Hydrolyse gekoppelten Konformationsänderung schieben das Protein weiter und führen bei Erreichen einer kritischen Transportstrecke zur Disassemblierung des Vorläuferproteins von Toc159, was damit für einen weiteren Zyklus zur Verfügung steht.

Beim „Targeting-Modell" wird dem Toc159-Protein zusätzlich zu seiner Membranlokalisierung eine lösliche Lebensphase im Zytosol zugesprochen (Hiltbrunner et al., 2001), bei der es das Vorläuferprotein bindet. Daneben assoziiert hier im Gegensatz zum „Motor-Modell" Toc159 zuerst mit dem Vorläuferprotein. Diese Bindung wird wahrscheinlich über die Interaktion der positiv geladenen Reste im Transitpeptid mit der überwiegend negativ geladenen A-Domäne von Toc159 (Agne and Kessler, 2010; Richardson et al., 2009) initiiert und an die G-Domäne verlagert. Nach dieser Bindung assoziiert Toc159 mit Vorläuferprotein über die Interaktion der G-Domänen von Toc34 und Toc159 wieder indirekt mit dem Chloroplasten (Bauer et al., 2002; Smith et al., 2002). Diese Interaktion löst GTP-Hydrolyse aus, die nun Toc159 vollständig in der Membran und im Toc-Kernkomplex verankert (Schleiff et al., 2003a; Wallas et al., 2003) und die Translokation des Vorläuferproteins einleiten. Die eigentliche Translokation wird durch unbekannte Faktoren erledigt. Nachdem dieser Teil des Zyklus beendet ist, kommt es zu einem GDP-GTP-Austausch zwischen Toc34 und Toc159, nach der Toc159 die Membran wieder verlassen kann. Als Erweiterung muss Toc159 nicht unbedingt aus der Membran austreten, um die Proteintranslokation über die äußere Hüllmembran einzuleiten, wahrscheinlich erhöht es aber die Effizienz der Vorläuferbindung und -transport.

2.2 Proteintransport in Plastiden

Beide Modelle unterscheiden sich in kritischen Punkten, besitzen aber dennoch große Schnittmengen. In beiden Fällen koordinieren die GTP-abhängige Rezeptoren (Yeh et al., 2007) die Vermittlung des Vorläuferproteins zum Translokationskanal. Dabei scheint Toc159 eine größere Rolle als Toc34 zu spielen. Ein großes Manko beider Modelle ist die fehlende Integration der mannigfaltig nachgewiesenen Interaktion des Transitpeptides mit Hsp70. Eine Interaktion von Hsp70 mit Toc159 oder Toc34, ähnlich der von Toc64 mit Hsp70 oder Hsp90, wäre anzunehmen und wurde aber bisher noch nicht nachgewiesen (Smith et al., 2004). Fraglich ist in diesem Zusammenhang auch, wann diese Interaktion stattfindet. Eine vom Toc-Mechanismus unabhängige Hsp70-Bindung ist schwer vorstellbar, zumal wie schon oben erwähnt, der reife Teil des Proteins vor Translokation entfaltet werden muss. Ob das der Toc-Komplex allein bewerkstelligen kann, ist fragwürdig.

2.2.5 Nach der Initiation der Translokation durch Toc

Nachdem das Vorläuferprotein mit dem Transitpeptid zuerst den Intermembranraum erreicht, binden eingangs erwähnte Hsp70-Homologe des Intermembranraumes das Transitpeptid und stellen unter ATP-Verbrauch den Motor für die Weitergabe an die Tic-Maschinerie dar (Schnell et al., 1994). Der Vergleich des Proteintransports von Plastiden mit dem bei Mitochondrien (Neupert and Brunner, 2002) und am ER (Matlack et al., 1999) bestätigen diese Theorie. Denn auch hier kommen Hsp70-Homologe auf der *trans*-Seite der Membran als Motor der Translokation zum Zuge. Weiter ausgebaut wird dieses Modell durch die Entdeckung von Toc12, einem kleinen DnaJ-Homolog, welches seine J-Domäne in den Intermembranraum streckt (Abb. 3). Diese J-Domäne interagiert bekannter Weise mit Hsp70 und stimuliert dessen ATP-Hydrolyse (Walsh et al., 2004). Wahrscheinlich wird durch Toc12 das Signal zur Assemblierung der Transportmaschine „downstream" vom Toc-Kernkomplex gegeben. Da auch auf der stromalen Seite Hsp70-Homologe das Transportsubstrat höchstwahrscheinlich am Transitpeptid binden, kann darüber spekuliert werden, ob nicht das Transitpeptid gleichzeitig von Hsp70-Homologen aus dem Intermembranraum und dem Stroma „gezogen" werden.

Die Verbindung von Proteinen der äußeren Hüllmembran (Toc12) und des Intermembranraum (Hsp70) lassen über eine simultane Translokation des Vorläuferproteins über einen weiten Bereich, evtl. sogar über beide Hüllmembranen spekulieren. Unterstützt wird diese These durch identifizierte Proteinkomplexe, welche zumindest Toc64, Toc12, Tic22 und Hsp70 enthalten (Becker et al., 2004a). Frühe Arbeiten geben zudem wieder, dass frühe Translokationsintermediate sich über beide Membranen spannen können (Schnell and Blobel,

1993). Gezeigt werden konnte, dass der N-Terminus schon das Stroma erreicht hat und gleichzeitig der C-Terminus noch zugänglich für Protease ist. Weiter gestützt wird die These von TocTic-Superkomplexen durch Beobachtungen am Chloroplasten, wobei die Translokation an bestimmten Stellen, sogenannte *contact sites*, auftritt, bei der die äußere und innere Hüllmembran sich räumlich sehr nah sind (Perry and Keegstra, 1994). Viele *crosslinking*- und Immunopräzipitationsexperimente fanden in der Folgezeit dieser Entdeckung mannigfaltige Interaktionen zwischen Proteinen des Toc- und des Tic-Komplexes und Transportsubstraten (Akita et al., 1997; Nielsen et al., 1997).

Es wird gegenwärtig vermutet, dass die Komponenten des Toc- und des Tic-Komplexes, welche in den Intermembranraum reichen, zusammen mit den Translokationsuntereinheiten des Intermembranraumes diese Superkomplexbildung vermitteln (Kouranov et al., 1998; Kouranov and Schnell, 1997). Dabei wird dem TocTic-Superkomplex eine dynamische Natur zugesprochen. Dessen Assemblierung ist demnach direkt von der Präsenz von Transportsubstraten abhängig. Wahrscheinlich induziert die Bindung von Vorläuferproteinen an den Toc-Kernkomplex die Assemblierung.

Vieles spricht daher für einen TocTic-Superkomplex, der nach Bindung an einen Toc-Rezeptorkomplex an der äußeren Hüllmembran die Translokation über beide Membranen bewerkstelligt. Dagegen wäre zu halten, dass auch der Tic-Komplex analog Toc selbständig Proteine translozieren kann (Scott and Theg, 1996). So sind zwar viele Untereinheiten des sogenannten Tic-Komplexes beschrieben, ihre Funktionen sind aber weitestgehend unklar. Als Beispiel wird zum einen Tic20 als wichtigen Teil des Translokationskanals propagiert (Chen et al., 2002; Kikuchi et al., 2009; Reumann and Keegstra, 1999), andere Gruppen wiederum wollen in Tic110 die Hauptkomponente des Tic-Kanals sehen (Heins et al., 2002). Abseits von einzelnen methodischen Schwächen und gegensätzlichen Ergebnissen (Inaba et al., 2003), zeigt es doch, dass es eher unwahrscheinlich ist, einen einfachen (unabhängigen) Tic-Translokationsmechanismus unter Beteiligung einzelner, weniger Proteine zu beschreiben. Wahrscheinlicher ist, dass sich Tic110 und Tic20 in verschiedenen, unabhängigen und in der Transportkette aufeinander folgenden Komplexe konstituieren. Wie genau und in welcher Reihenfolge diese Komplexe das Transportsubstrat prozessieren und die stromale Austrittstelle formen, sowie weitere Proteine rekrutieren, die den Übertritt des Substrates in die lösliche Phase des Stromas (oder in andere Kompartimente) bewerkstelligen, ist soweit ungeklärt.

An der Ausformung dieser Austrittsstelle ist wahrscheinlich auch Tic40 beteiligt, eine weitere Komponente des Tic-Komplexes. Dieses Protein besitzt Ähnlichkeit zu

2.2 Proteintransport in Plastiden

eukaryotischen Hsp70 interagierenden Proteinen (Hip) und auch zu Hsp70/Hsp90 organisierenden Protein-Co-Chaperone (Hop) (Chou et al., 2003). Diese Co-Chaperone modulieren die Aktivität von Hsp70 und auch Hsp90 Proteinen, weswegen man auch über eine Orientierung von Tic40 hin zum Intermembranraum spekulieren kann. Wahrscheinlich verändert Tic40 an vielen Orten nahe der inneren Hüllmembran die Aktivität von Chaperonen; für ein Hefe-Hop-Homolog wurde nämlich auch eine Interaktion mit Hsp104 gezeigt (Abbas-Terki et al., 2001), welches der Hsp100-Familie angehört. Ein nachgewiesenes Mitglied dieser Familie in Chloroplasten ist Hsp93, welches sich im Stroma befindet und mit frühen Transportintermediaten interagiert (Akita et al., 1997). Von Hsp93 wird aufgrund seiner Homologie zur ClpA-Untereinheit des bakteriellen Caseinolytischen-Protease-Komplex (Clp) angenommen, dass es in Verbindung mit Proteinen des Tic-Komplexes am Transportprozess teilnimmt und für eine Faltungskontrolle sorgt (Halperin et al., 2001; Sokolenko et al., 1998), bei der Proteine degradiert werden, die keine stabile und funktionale Konformation einnehmen.

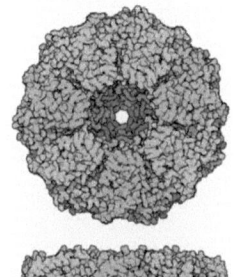
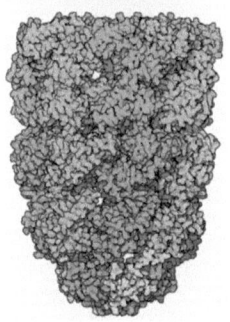

Eine weiterer mit Tic- (Kessler and Blobel, 1996) als auch mit TocTic-Superkomplex (Kouranov et al., 1998) interagierender Chaperone-Komplex ist das plastidäre Cpn60 (Abb. 4). Es stellt, wie sein bakterielles Homolog GroEL eine oligomere Proteinfaltungsmaschine mit ATP-abhängiger Funktion dar (Horwich and Fenton, 2009). Wahrscheinlich wird der Cpn60-Komplex von der stromalen Domäne von Tic110 rekrutiert und interagiert mit dem zu ihm transportierten und ungefalteten Vorläuferprotein, bevor diese ins Stroma entlassen werden.

Neben Tic20, Tic40 und Tic110 sind weitere Proteine als Untereinheiten des Tic-Komplexes beschrieben. Diese besitzen Sonderfunktionen im Proteintransport. Vom sogenannten Tic55 wird angenommen, dass es eine Art Biosensor des Redoxstatus des Chloroplasten darstellt, da es ein Eisen-Schwefel-Cluster und eine mononukleare Eisenbindestelle besitzt (Caliebe et al., 1997). Die genaue Rolle von Tic55 im Proteintransport ist aber noch ungeklärt (Reumann and Keegstra, 1999). Nichtsdestoweniger wurde Tic55 im

Abb. 4 Chaperonin Klasse I aus *Escherichia coli.* bestehend aus zwei Ringen (blau, grün) aus 7x2 GroEL-Einheiten und einem Deckel aus GroES-Proteinen (rot, gelb). Oben: Draufsicht. Unten: Seitenansicht. Die Höhlung stellt den Ort der Faltungsaktivität dar. Entnommen aus: http://upload.wikimedia.org/wikipedia/commons/a/a3/Chaperonin.PNG

Komplex mit einer weiteren Tic-Untereinheit gezeigt: Tic62 (Benz et al., 2009), was seine mögliche Funktion als Redox-Sensor unterstützt. Tic62 besitzt nämlich eine NAD(P)-Bindestelle am N-Terminus, während der C-Terminus ins Stroma ragt, wo er mit der Ferredoxin-NAD(P)-Reduktase (FNR) interagiert. Hormann *et al.* entdeckten 2004 Tic32, was sich aufgrund seiner konservierten Eigenschaft als sog. *short-chain-dehydrogenase /reductase* (SDR) in das Bild der Tic55 und Tic62-abhängigen Redox-Kontrolle des Plastiden-Importes einreiht (Hormann et al., 2004). Neuere Arbeiten zeigen auch eine Calcium-abhängige Tic-Assemblierung, die durch Tic32 vermittelt wird (Chigri et al., 2006). Wie sich diese Untereinheiten in das Gesamtbild der plastidären Translokationskontrolle einfügen, wird sich noch zeigen müssen.

2.2.6 Reifung des Vorläuferproteins / Abspaltung des Transitpeptids

Die Prozessierung des Vorläuferproteins zum reifen, fertigen Protein erfolgt durch die stromale Prozessierungspeptidase (SPP) kurz nachdem das Transitpeptid über Komponenten des Tic-Komplexes und dessen Interaktionspartner das Stroma erreicht hat (Schnell and Blobel, 1993). Dementsprechend besitzt die relativ große und monomere SPP eine hohe Affinität zu Transitpeptiden (Richter and Lamppa, 2003). Die SPP bindet ungefähr 10 – 15 Aminosäuren C-terminal vom Transitpeptid, wo basische Aminosäuren gehäuft vorkommen und spaltet das Transitpeptid Zn^{2+}-abhängig ab. Die Erkennung beruht dabei weniger auf einem spezifischen Konsensusmotiv, als auf distinkten physikochemischen Eigenschaften im Transitpeptid (Rudhe et al., 2004). Nach dem Abspalten assistieren eine Vielzahl von stromalen Faktoren, so z.B. Hsp70, Cpn60 und Cpn10 dem Chloroplastenprotein bei seiner Faltung. Dabei ist die genaue Reihenfolge, zumindest bei der Cpn60-Aktivität noch nicht gesichert. Nach Beendigung der Interaktion des Transportsubstrates mit den molekularen Chaperonen des Stroma und der SPP gilt der Proteintransport über die Hüllmembranen des Chloroplasten klassischerweise als beendet. Alle sich anschließenden Transportvorgänge, z.B. zu den Thylakoiden reichen außerhalb des Fokus dieser Arbeit.

3 Perspektive

3.1 Folgerungen aus dem Stand der Forschung

Der Mechanismus vom Zusammenspiel der Toc-Untereinheiten unter- und miteinander sowie mit dem Transitpeptid ist ein gut untersuchter Forschungsgegenstand, der obwohl es gegensätzliche Modelle der Arbeitsweise gibt, wenig Raum für grundsätzliche Fragestellungen übrig lässt. Dagegen ist besonders der Teil des Proteintransports nach Initiation durch den Toc-Kernkomplex interessant, da die Datenlage zur Erklärung des Transports nach Initiation durch Toc reichlich divergent ist. Als ein Beispiel sei hier das Modell vom TocTic-Superkomplex vs. einer eigenständigen Tic-Translokase genannt.

Des Weiteren gibt es besonders bei der genauen Zusammensetzung der Transportmaschine sowohl zwischen verschiedenen Gruppen, als auch wenigstens innerhalb eines Zeitraums von mehr als zwei Jahren kaum konsistente Angaben. So ist bis heute zum Beispiel nicht geklärt, welches Protein die Pore in der inneren Membran herstellen soll. Ein Kandidat dafür war Tic110, welches bei elektrophysiologischen Untersuchungen rekonstituiert (als C-terminale Domäne) in planare Lipiddoppelmembranen Eigenschaften von Protein-transferierenden Poren zeigte (Heins et al., 2002). Leider war es Heins *et al.* nicht möglich, natives Tic110 funktionell in Vesikel zu rekonstituieren, was die elektrophysiologischen Untersuchungen relativiert. Vom anderen Kandidat zur Ausformung der Pore der inneren Hüllmembran, Tic20, fehlen bis heute solche Untersuchungen. *In silico* Analysen zeigen aber, dass Tic20 wahrscheinlich eine zentrale Rolle in der Translokation von Proteinen über die innere Membran spielt (Chen et al., 2002; Reumann et al., 1999).

Auch die genaue Zusammensetzung von TocTic-Superkomplexen ist bislang nicht stichhaltig genug untersucht, um z.B. die vielen in letzter Zeit entdeckten Tic-Untereinheiten richtig einordnen zu können. Vielmehr wurde immer „nur" ein Bruchteil der bekannten Toc- oder Tic-Untereinheiten im Verbund gefunden (Akita et al., 1997; Becker et al., 2004a; Kouranov et al., 1998; Nielsen et al., 1997).

Diese Varianz resultiert höchstwahrscheinlich aus zwei Fehlerquellen: Zum einen sind Chloroplasten aus Blattmaterial sehr fragile Gebilde. Dies ergibt sich höchstwahrscheinlich aus der Membranzusammensetzung der äußeren Hüllmembran, die insgesamt wenige Proteine beinhaltet und zudem Kontaktstellen zu anderen Membransystemen unterhält. So kann es bei kritischen Punkten während der Isolationsprozedur zu einer Schädigung der

Hüllmembranen kommen. Die sich anschließende Analysen können unter Umständen stark schwankende Ergebnisse ausgeben.

Zum anderen beinhalten viele Analysen auch experimentelle Schritte, in denen Protein-Protein-Interaktionen stabilisiert werden, um sie anschließend in einer denaturierenden SDS-PAGE zu untersuchen. Die dabei häufig benutzte Methoden, das chemische *crosslinking* kann dabei falsch positive Ergebnisse produzieren. Die Substanzen, die dafür benutzt werden, besitzen sogenannte „Linker"-Gruppen, die Proteine über im molekularen Maßstab sehr große Distanzen verknüpfen können. So werden Interaktionen von Proteinen angenommen, die *in vivo* evtl. gar nicht vorkommen. Sinnvoller wäre es in diesem Zusammenhang, die nichtkovalenten Protein-Protein-Wechselwirkungen bei der Analyse zu erhalten. Diese lassen Rückschlüsse über die tatsächlich auftretenden Wechselwirkungen zu, da sie im Gegensatz zum *crosslinking* nicht künstlich erzeugt oder stabilisiert werden müssen.

Soweit noch nicht intensiv erforscht und daher ein interessanter Forschungsgegenstand ist die Frage, ob und wie der Chloroplastentransportapparat auf unterschiedliche Substrateigenschaften reagiert. Besonders ausgeprägt dürfte dabei eine Diskriminierung zwischen löslichem Protein und stark hydrophoben Membranprotein zu erwarten sein. Eine ähnliche Situation ist im evolutionären Organellgegenstück, dem Mitochondrium zu finden. Das gegenwärtige Importmodell beschreibt hier eine generelle Importpore an der äußeren Mitochondrienmembran. Lösliche Substrate werden im Allgemeinen über den sogenannten Tim23-Komplex in die Matrix transportiert (Mokranjac and Neupert, 2010). Polytope Membranproteine, wie z.B. der ADP/ATP *carrier* (AAC) werden dagegen durch den Tim22-Komplex in der inneren mitochondrialen Membran behandelt (Hasson et al., 2010).

3.2 Ziel- & Fragestellung dieser Arbeit

Das sich aus den Folgerungen zum Stand der Forschung herauskristallisierende Tätigkeitsfeld besteht in der Untersuchung der Proteintransportprozesse besonders nach der Initiation durch den Toc-Kernkomplex. Hier treten die meisten offenen Fragen des Proteintransports in der Chloroplastenhülle auf, sodass ausgehend von neuen Methoden oder experimentellen Ansätzen die Begrenzungen der soweit standardmäßig verwendeten Methoden überwältigt werden kann. Die sich daraus ergebenden Erkenntnisse sollten das Bild des Proteintransports erweitern und offene Fragen lösen, bzw. weitere Hinweise zur Beantwortung liefern.

3.2 Ziel- & Fragestellung dieser Arbeit

Das Ziel dieser Arbeit besteht daher in der Evaluierung und ggf. auch Etablierung einer Methode, mit der der Proteintransport am Chloroplasten weitestgehend natürlich abgebildet werden kann. Zentraler Bestandteil dieser Evaluation sind die Eigenschaften von nativen Gelelektrophoresesystemen und das Verhalten von Proben mit Proteinkomplexen darin, welche durch nichtkovalente Wechselwirkungen zusammengehalten werden. Wenn es gelingt, mit einem nativem Gelelektrophoresesystem den Proteintransport abzubilden, sollte aufbauend darauf eine intensive Untersuchung und Verifikation der schon mit anderen mehr oder weniger entfernten Methoden getätigten Aussagen über den Proteintransport am Chloroplasten erfolgen. Nicht zuletzt sollen darüber hinaus gewonnene Erkenntnisse das Bild des Proteintransportes an/in den chloroplastidären Hüllmembranen erweitern.

Darüber hinaus sollten detaillierte Fragestellungen, wie z.B. die Charakterisierung des Proteintransportes am Chloroplasten hinsichtlich des Einflusses der Hydrophobizität des Transportsubstrates auf den Transportprozess oder der Induktion von Transportkomplexen durch Substratpräsenz bestimmte Teilfelder des chloroplastidären Hüllmembranproteintransports beantworten. Nicht zuletzt ist die genaue Anzahl und Untereinheitenzusammensetzung der Transportkomplexe von gesteigertem Interesse, um das „Puzzle" des Proteintransports am Chloroplasten endlich mit entsprechender Auflösung zusammensetzen zu können.

4 Ergebnisse

4.1 Grundlagenergebnisse

Die Bearbeitung eines jeden wissenschaftlichen Themengebietes setzt die Auseinandersetzung mit dem aktuellen Stand der Forschung, als auch die Beherrschung der für die Bearbeitung notwendigen Methoden voraus. Im Folgenden werden dazu Ergebnisse von Untersuchungen an grundlegenden Fragestellungen zum Proteintransport mit Standardvariablen dargeboten.

4.1.1 Proteintransport am Chloroplasten, Darstellung mittels denaturierender SDS-PAGE

Der Proteintransport über die beiden Hüllmembranen des Chloroplasten ist ein komplexer Prozess, welcher mit der Methode des *in organello* Proteinimports zuverlässig untersucht werden kann. Dabei werden frisch isolierte Chloroplasten in Suspension mit

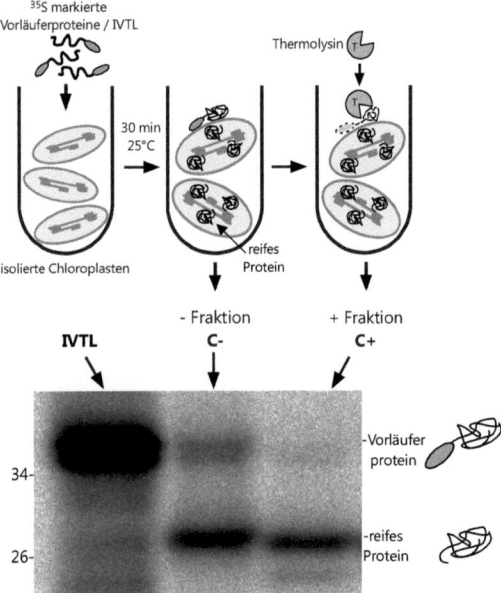

Abb. 5 Schema Standardproteinimport in Chloroplasten. Schematische Darstellung einer Importreaktion von Beispieltransportsubstrat in Chloroplasten. Entsprechende Stationen/Fraktionen davon in der Radioexposition sind darunter gezeigt und zugeordnet. IVTL bezeichnet Translationsaliquot, C- bezeichnet Importreaktion ohne, C+ mit Proteasebehandlung

4.1 Grundlagenergebnisse

radioaktiv markierten Proteintransportsubstraten inkubiert. Die Transportsubstrate werden vorher in eukaryotischen Translationssystemen, wie z.b. Retikulozytenlysat (5.3.2.2) oder Weizenkeimextrakt (5.3.2.3) synthetisiert. Nach der Importreaktion werden die Chloroplasten vom Importansatz getrennt, gewaschen und in einem Probenpuffer für die sich anschließende Protein-Gelelektrophorese gelöst.

Die **Abb. 5** zeigt ein Schema des Ablaufes eines einfachen Proteinimportes, wobei das Endergebnis (die Radioexposition) den einzelnen Schritten des Experimentes zum besseren Verständnis zugeordnet ist. Wichtig ist auch, dass das Gelbild nur radioaktive Signale, vornehmlich die des Transportsubstrates zeigt. Die Proteine der isolierten Chloroplasten sind hier nicht zu sehen. In der Spur IVTL der Abb. 5 ist das Signal des Vorläuferproteins dargestellt. Wenn dieses Protein in die Chloroplasten importiert wird, kann ein davon unterschiedliches Signal festgestellt werden, welches aufgrund der Abspaltung des Transitpeptides vom Protein kleiner ist (C- Spur). Um sicher zu sein, dass diese Prozessierung nicht durch eine stromale Kontamination der Importreaktion auftritt, wird in einem weiteren Schritt Protease zur Reaktion gegeben. Diese degradiert alle nichtimportierten Vorläuferproteine. So verschwindet das Signal der Vorläuferproteine und nur die Signale der durch die Chloroplastenhüllmembran geschützten reifen Proteine sind zu sehen (C+ Spur).

Die **Abb. 6** zeigt Importreaktionen der in dieser Arbeit am häufigsten verwendeten Proteine, (TPT, FNR, SSU, tpTPT) inklusive verschiedener Importkontrollen. Die nichtplastidären Kontrollproteine Glucuronidase (GUS) und Luziferase (LUC) sind lösliche Proteine des (nichtpflanzlichen) Zytosols und besitzen keine N-terminale Präsequenz. Sie zeigen kaum bis keine Signale sowohl in der C- als auch C- Spur, d.h. sie assoziieren kaum an den Chloroplasten und werden von der Transportmaschinerie nicht als Substrat erkannt. IRT3 (*iron metal transmembrane transporter*, 6.1.8) besitzt ein Signalpeptid (Lin et al., 2009) und wird wahrscheinlich über das zytosolische Endomembransystem zu seinem Bestimmungsort der Plasmamembran transportiert. So besitzt es zwar eine N-terminale Zielsequenz, diese hat jedoch geringe strukturelle Ähnlichkeit mit den Transitpeptiden von chloroplastidären Proteinen (Bruce, 2001). Gegenüber GUS und LUC bindet jedoch mehr Protein an den Chloroplasten (C- Spur). IRT3 wird aber nicht transportiert. Es erfolgt weder eine Reifung, noch ist IRT3 durch eine Chloroplastenmembran vor Proteasebehandlung (Signal verschwindet in C+ Spur) geschützt. Mehr Ähnlichkeit zu einem Transitpeptid besitzt die Präsequenz von TIM22-2, eine putative Untereinheit des mitochondriellen Proteintransportapparates aus *A. thaliana* (Murcha et al., 2007b). Es bindet im Vergleich zu IRT3

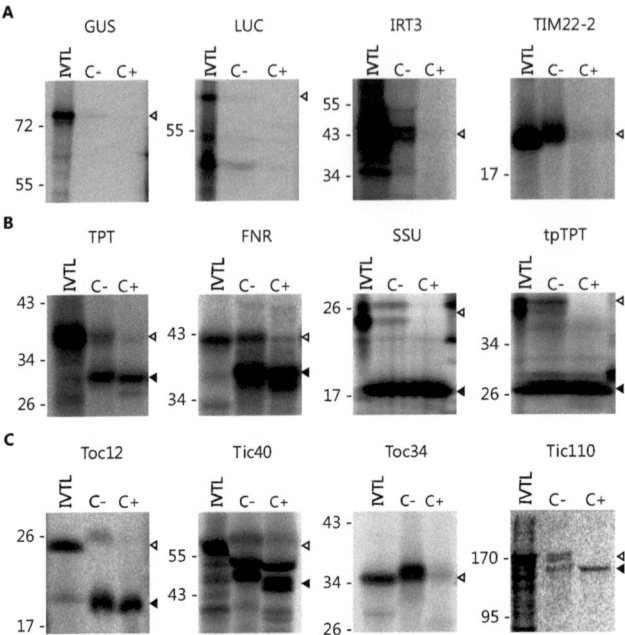

Abb. 6 Chloroplasten importieren spezifisch plastidäre Proteine. Isolierte Spinatchloroplasten wurden mit radioaktiv markierten Vorläuferproteinen (IVTL) unter Standardbedingungen (5.3.3) inkubiert. Es wurden entweder nicht-chloroplastidäre Kontrollproteine (**A**), endogene, d.h. chloroplasteneigene Proteine (**B**) oder davon nur Untereinheiten des Proteintransportapparates (**C**) als Substrat angeboten. Nach Importreaktion wurde eine Hälfte der Chloroplasten mit Protease behandelt (C+), während der andere Teil unbehandelt blieb (C-). Nach Aufnahme der Proben (IVTL, C-, C+)in Ladepuffer wurden die Proteine denaturierend mit einer SDS-PAGE nach (Schagger, 2006) elektrophoretisch aufgetrennt, das Gel wurde anschließend fixiert, getrocknet und einem radiosensitiven Screen exponiert. Molekularer Größenstandard ist links am Gelbild angezeichnet, das unprozessierte Vorläuferprotein ist mit einem leeren Dreieck (◁) gekennzeichnet, das reife Protein mit einem schwarzem Dreieck (◀)

mehr an den Chloroplasten, wiederum passt hier der Schlüssel aber nicht ins Schloss, d.h. auch TIM22-2 wird nicht transportiert (kein proteaseresistentes Signal in **Abb. 6A**, C+).

Die endogenen Proteine aus **Abb. 6B** zeigen dagegen das Ergebnis eines erfolgreichen *in vitro* Importexperimentes. Den Proteinen wird ihr N-terminales Transportsignal entfernt, zu erkennen an einem zusätzlichen Signal (◀) mit geringerem Molekulargewicht unterhalb des Vorläuferproteins in C- und C+ Spur. Dieses Signal kann bei Proteasebehandlung nicht entfernt werden, was bedeutet, dass das reife Protein sich nach Transport im Inneren des Chloroplasten befindet. Der TPT ist ein polytopes Membranprotein und das prominenteste Protein der inneren Hüllmembran, der Triosephosphat/Phosphat-Translokator (Flugge et al., 1989). Das Vorläuferprotein bindet an den Chloroplasten und wird bei Thermolysinzugabe

4.1 Grundlagenergebnisse

degradiert. Es bildet sich reifes Protein, welches vor Proteaseverdau geschützt ist. FNR (Ferredoxin-NADP$^+$-Oxidoreduktase) ist ein lösliches Protein des Stroma, ein Co-Enzym der Photosynthese (Medina, 2009), welches nativ gereift und transportiert wird. Die kleine Untereinheit des Rubiscokomplexes (SSU) verhält sich zu FNR und TPT gleich. Das artifizielle Protein tpTPT besteht aus dem Transitpeptid von TPT und einem C-terminal fusioniertem EGFP (*enhanced green fluorescent protein*). Auch dies wird transportiert, da es ein korrektes (gültiges) Signal zur Benutzung der Transportmaschinerie besitzt. Die Proteine von **Abb. 6C** stellen einen Sonderfall der nativen Chloroplastenproteine dar, da sie gleichzeitig Untereinheiten des TocTic-Apparates und auch dessen Transportsubstrate sind. Des Weiteren besitzt Toc34 als Protein der äußeren Hüllmembran zwar ein Transitpeptid, es wird jedoch nicht entfernt (Qbadou et al., 2003). Tic40 wird bis ins Stroma und wieder zurück in die Membran transportiert, sodass hier mehrere Zwischenstufen der Proteinreifung vorkommen (Chiu und Li, 2008). Das ungewöhnliche Laufverhalten der Tic40-Proteine (Vorläufer nicht in Höhe der Translation, reifes Protein migriert uneinheitlich) liegt an der elektrophoretischen Überlagerung mit der großen Untereinheit der Rubisco, welche wegen ihrer extrem hohen lokalen Konzentration andere komigrierende Proteine „wegdrückt". Dagegen zeigen Toc12 und Tic110 ein eindeutiges Importmuster in der SDS-PAGE (**Abb. 6C**).

4.1.2 Substratlokalisation innerhalb des Chloroplasten nach Import

Um zu erfahren, in welchem Kompartiment des Chloroplasten sich die Proteine nach Import befinden, kann man diese nach der Importreaktion fraktionieren (5.3.5). Dabei werden die Hüllmembranen (E) vom Stroma (S) und den Thylakoiden (T) getrennt, wobei jede Fraktion einzeln isoliert wird. Die **Abb. 7** zeigt das Ergebnis solch einer Aufarbeitung. So findet sich TPT nach Auftrennung des Chloroplasten überwiegend in der Hüllmembranfraktion wieder, wie das Signal in der Spur E zeigt (◄). Ebenso können HP45 und Tic110 aufgrund ihrer Signale in (E) als Proteine der Hüllmembran eingeordnet werden. HP45 ist ein polytopes Membranprotein der inneren Hüllmembran (Ferro et al., 2003). Die Translations- und Importprodukte dieses Proteins lassen sich mittels denaturierenden PAGE nicht scharf auftrennen. Im Gegensatz dazu kann HP45 in nativen PAGEn zu anderen Chloroplastenproteinen vergleichbar aufgetrennt werden, sodass es in die Studien als TPT-Kontrolle aufgenommen wurde. Die Signale von TPT, Tic40 und Tic110 in der Thylakoidfraktion (T) sind wahrscheinlich Verunreinigungen der Thylakoide mit Hüllmembranen, sie treten oft auf und sind stets von geringerer Intensität als die Signale in der Hüllmembranfraktion. Augrund von intensiven Untersuchungen der Lokalisierung von TPT (Weber et al., 2005) (als

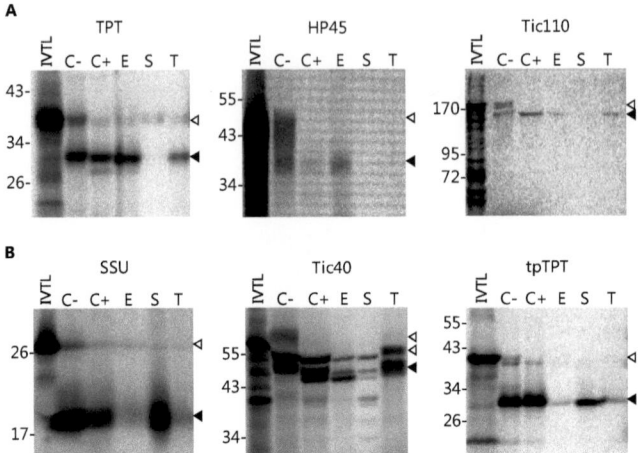

Abb. 7 Subfraktionierung der Chloroplasten nach Import. Import von Proteinen der Hüllmembranen (**A**) oder löslichen Proteinen des Stroma (**B**). Nach Standardimport werden die Spinatchloroplasten pelletiert, gewaschen und zur Hälfte mit Protease behandelt. Diese Fraktion wurde weiter auftrennt in Envelopemembranen (E), Stroma (S) und Thylakoide (T) mit standardmäßiger weiterer Prozessierung mittels SDS-PAGE und Autoradiographie. Precursor (Vorläuferprotein) mit (◁) gekennzeichnet, reifes Protein mit (◀).

auch Tic40 & Tic110) sind Thylakoide als dessen „Funktionsort" auszuschließen. Daher ist anzunehmen, dass diese Signale durch eine bisweilen unzureichende Trennung beider Membransysteme in der Kompartimentpräparation hervorgerufen werden.

Der Import von Tic40 zeigt mehrere Besonderheiten. Zum einen migriert die große Untereinheit der Rubisco genau an der Stelle des Tic40-Vorläufers. Diese beeinflusst wie schon erwähnt durch ihre hohe örtliche Konzentration Tic40 im Migrationsverhalten. Des Weiteren wird Tic40 über ein stromales Intermediat an seinen Bestimmungsort transportiert, es findet sich also trotz seiner Charakterisierung als Membranprotein auch im Stroma wieder (Chou et al., 2003). Die kleine Untereinheit der Rubisco (SSU) findet sich (natürlich) im Stroma wieder.

Ebenfalls eine stromale Lokalisierung besitzt tpTPT, wie am Signal in der Stromafraktion (S) zu erkennen ist. Dieses Protein wurde ursprünglich als Importsubstrat konstruiert, um im Vergleich mit dem authentischen TPT herauszufinden, welcher Teil eines plastidären Vorläuferproteins (Transitpeptid oder reifer Proteinteil) das Signal für die Transportmaschinerie zur Sortierung in die jeweiligen Subkompartimente des Chloroplasten beinhaltet. Die Fusionierung des Transitpeptides von TPT mit einem C-terminalen EGFP ergibt dieses artifizielle Transportsubstrat tpTPT. Dieses findet sich im Gegensatz zu TPT nach Import im Stroma wieder, weswegen vermutet werden kann, dass die Informationen für

4.1 Grundlagenergebnisse

eine Sortierung der Vorläuferproteine nicht (allein) im Transitpeptid liegen können. Ob und ab wann der Transport von EGFP ins Stroma aktiv oder passiv erfolgt, wird in der Diskussion angerissen (4.2.2).

4.1.3 Nähere Charakterisierung von putativen Untereinheiten des TocTic-Apparates

Die Funktionsweise des Proteintransports in der Chloroplastenhülle kann mit den bisher beschriebenen Untereinheiten und deren Zusammenspiel nicht gänzlich erklärt werden (Bedard and Jarvis, 2005). Dies lässt die Vermutung zu, dass es Proteinuntereinheiten des Transportapparates gibt, welche bisher noch nicht entdeckt worden sind. Deswegen sind zusätzlich zu den schon bekannten Untereinheiten des soweit beschriebenen TocTic-Komplexes weitere zu vermutende, unbekannte, oder noch nicht nachgewiesene TocTic-Untereinheiten interessante Untersuchungsgegenstände.

Deshalb wurden die in (Ferro et al., 2003; Rolland et al., 2003) beschriebenen Proteine mit geringer Homologie zu „Tim17/22" aus Hefe-Mitochondrien in diese Arbeit aufgenommen. Es sollte geklärt werden, ob die Hinweise aus den Sequenzvergleichen und der festgestellten Lokalisierung in der Plastidenhülle valide Anhaltspunkte sind und es sich daher lohnt, diese Kandidaten eingehender zu untersuchen. Diese Proteine werden als HP20 (AT4G26670), HP22 (AT5G55510), HP30 (AT3G49560) und HP30-2 (AT5G24650) bezeichnet

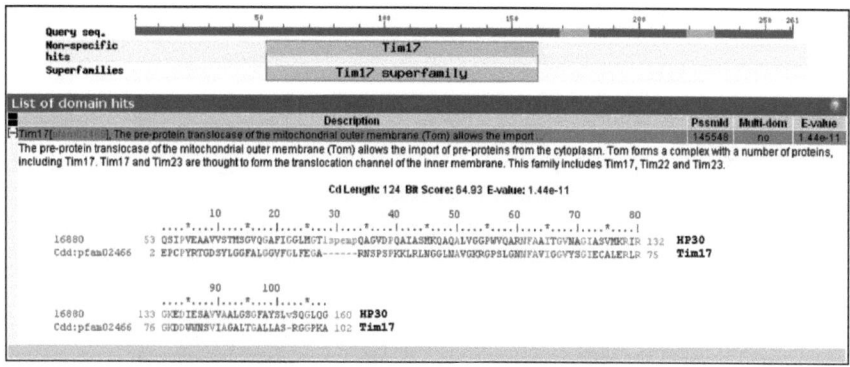

Abb. 8 Verwandtschaftsanalyse von HP30 Protein . Der aus einem Proteomassay stammende Proteintransportuntereinheitenkandidat HP30 wurde als *A. thaliana* Sequenz mit Hilfe der „Conserved Domains Search" der NCBI (Marchler-Bauer and Bryant, 2004) auf bekannte Domänenmuster untersucht. Im oberen Teil der Abbildung ist schematisch die Position der festgestellten übereinstimmenden Domain („Tim17 superfamily") dargestellt. In der unteren Hälfte ist der Vergleich auf Sequenzebene gezeigt. Die Zahlen in Grün bestimmen die Aminosäureposition der jeweiligen Sequenzen, Buchstaben in Rot geben Übereinstimmungen, in Blau Abweichungen wieder.

4 Ergebnisse

(die *A. thaliana* Gennummern in Klammer). Am Beispiel des Sequenzvergleiches von HP30 und Tim17 (**Abb. 8**) kann über eine ähnliche Funktion beider Proteine spekuliert werden. Die Tim17-Superfamilie umfasst dabei u.a. Tim17, Tim22 und Tim23, welche in Mitochondrien Untereinheiten des Proteintransportapparates sind, ähnliche Funktionen in tlw. verschiedenen Transportwegen übernehmen (Schleiff and Becker, 2011). Der gemeinsame endosymbiotische Hintergrund von Mitochondrien und Chloroplasten lässt darüber spekulieren, ob ähnliche Mechanismen des (endosymbiontischen) Proteintransport evoliert wurden, welche sich in Ähnlichkeiten von Proteinsequenzen und -strukturen wiederfinden.

Die von (Ferro et al., 2003; Rolland et al., 2003) gefundenen Sequenzen der Proteine HP20, HP22, HP30 und HP30-2 stammen aus dem Modellorganismus *A. thaliana*, welcher für einen Aspekt seiner Genomorganisation bekannt (und berüchtigt) ist: er besitzt für viele seiner Gene (funktionale) Duplikate und damit ungewöhnlich viele Proteinhomologe (Morgante, 2006). Neben der erkennbar hohen Homologie untereinander lassen sich HP20 und HP22, sowie HP30 und HP30-2 in zwei Homologieklassen einteilen. Es ist wahrscheinlich, dass in anderen Pflanzenspezies nicht vier, sondern nur zwei Proteine dieser Klasse vorkommen. Eventuell ist auch nur ein Vertreter dieser Familie in anderen Pflanzenspezies zu finden. In weiterführenden Verwandtschaftsanalysen ergaben sich für die Proteine der HP20/30-Klassen auch Ähnlichkeiten mit Tic20, welches in *Arabidopsis thaliana*

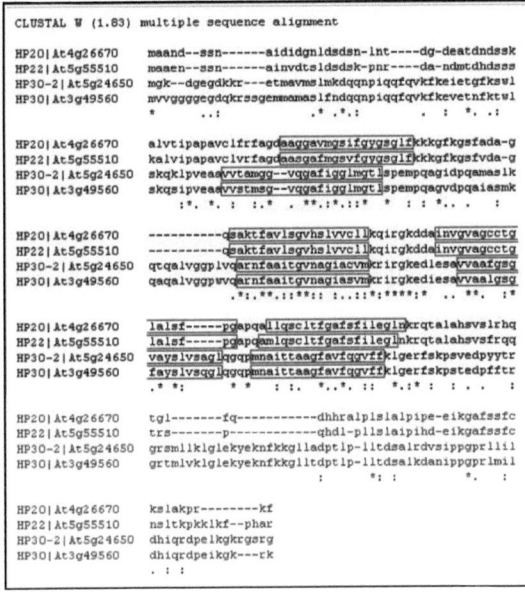

Abb. 9 Sequenzvergleich von Tim17/Tim22/Tim23 Homologen. Mögliche neue Proteinuntereinheiten des Proteintransportapparates an und in der Hülle von Chloroplasten, welche in mehreren Proteomassays beschrieben sind (Ferro et al., 2003; Rolland et al., 2003), werden mit Hilfe des ClustalW Algorithmus auf Ähnlichkeit und Übereinstimmung ihrer Aminosäuresequenz verglichen, wobei ein Stern (*) Übereinstimmung, zwei Punkte (:) hohe Homologie, bzw. wenig Abweichung und ein Punkt (.) eine Ähnlichkeit im Vergleich bedeutet. Die jeweiligen Proteinsequenzen stammen aus *A. thaliana*, die entsprechenden Zugangsnummern sind dem vorläufigen Proteinnamen (HP20, HP22, HP30, HP30-2) beigefügt. Mittels HMMTOP (Tusnady and Simon, 2001) vorhergesagte Transmembranbereiche sind durch blaue Kästen markiert.

4.1 Grundlagenergebnisse

ebenfalls vier Paraloge und auch vier Transmembranspannen besitzt (Murcha et al., 2007a).

Die Untersuchung per *in organello* Import setzt die Verfügbarkeit der Sequenzen in einem für die *in vitro* Translation „ausgerüsteten" Vektor voraus. Die dafür benutzten cDNA-Klone sind in (5.1.8), die Sequenzen der erhaltenen Genkopien im Anhang aufgeführt. Die **Abb. 10** zeigt ein Importexperiment mit auf Basis dieser cDNA-Klone synthetisierten Proteine, wobei für die Synthese vergleichend Retikulozytenlysat und Weizenkeimextrakt eingesetzt ist. Damit soll überprüft werden, ob das Translationssystem die Importeigung von HP20, HP22, HP30, HP30-2 beeinflusst. Für alle HP-Proteine der Tim17-Familie lässt sich ein

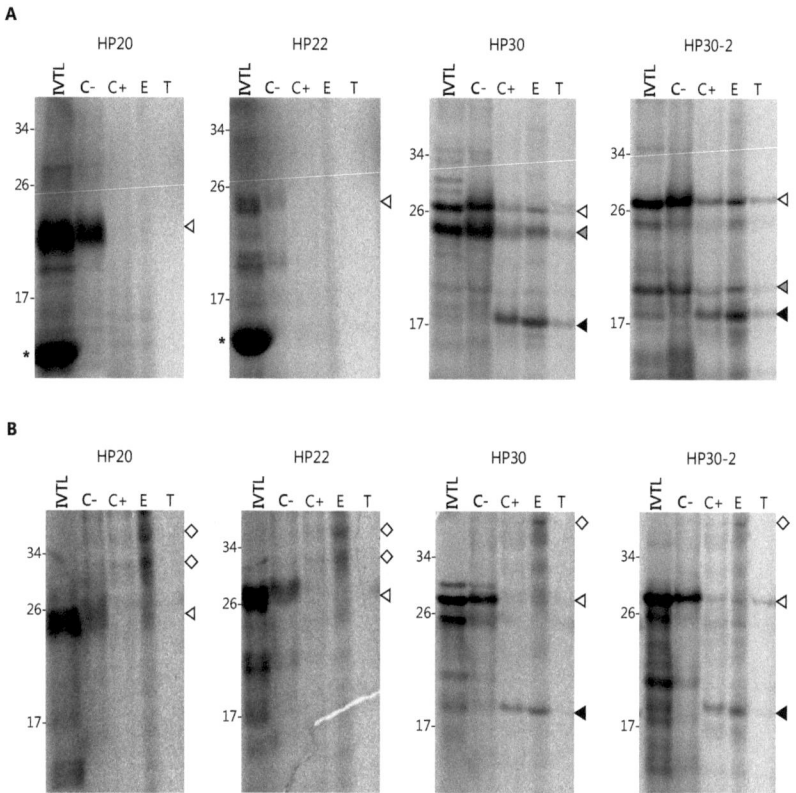

Abb. 10 Import der putativen TocTic Untereinheitenfamilie HP20~30. Autoradiogramme nach Standardimport mit tlw. Subfraktionierung der Spinatchloroplasten in Hüllmembranen (E) und Thylakoide (T). Die Proteine wurden in zwei verschiedenen Translationssystemen, Retikulozytenlysat (**A**) und Weizenkeimextrakt (**B**), translatiert. Weiß gefüllte Dreiecke (◁) markieren Vorläuferproteine, grau gefüllte Dreiecke (◀ grau) indizieren Nebenprodukte der Translation, schwarze Dreiecke (◀) zeigen proteasestabile Fragmente, weiß gefüllte Rauten (◊) markieren wahrscheinlich Laufartefakte, Sternchen (*) markieren unspezifisch gelabeltes Globin des Retikulozytenlysates.

höherer Anteil von α-helikalen Transmembranbereichen im Gesamtprotein vorhersagen (**Abb. 9**). Deswegen werden die Chloroplasten nur in Hüllmembranen und Thylakoide fraktioniert, da sie aufgrund ihrer Hydrophobizität aller Wahrscheinlichkeit nach in einer Membran lokalisiert sind.

HP20 und HP22 binden nur an den Chloroplasten, es wird kein reifes Produkt gebildet und sie werden von zugegebener Protease komplett abgebaut (**Abb. 10A, B, C+** Spur). Da sie nach mehreren Proteomanalysen der plastidären Hüllmembranen (Ferro et al., 2003; Rolland et al., 2003) dort lokalisiert sein müssen, kann man annehmen, dass sie Proteine der äußeren Hüllembran sind, ihr Transitpeptid wie bei vielen Proteine der äußeren Membran nicht gereift wird (Li et al., 1991; Tu and Li, 2000) und in der äußeren Membran für Proteasen von außen zugänglich sind. Beim Vergleich der Proteinsignale aus den verschiedenen Translationssystemen fällt auf, dass wenn in Weizenkeimextrakt synthetisiert wurden, Signale in der Hüllmembranfraktion über dem eigentlichen Molekulargewicht der Proteine auftauchen (**B,** Spur E, ◊). Da die Proben vorbereitend auf die SDS-Gelelektrophorese aufgrund ihrer hohen Hydrophobizität nicht gekocht wurden, kann spekuliert werden, dass es sich hier um Protein-Interaktionen handelt, welche durch SDS nicht aufgehoben werden konnten. Das Ausbleiben dieser Signale bei im Retikulozytenlysat synthetisierten Proteinen spricht für einen Einfluss des Translationssystems auf die Import- und Transportkompetenz. Wie genau sich dieser Effekt gestaltet, muss in weiterführenden Arbeiten untersucht werden.

Für eine Lokalisierung der HP-Proteine in der äußeren Hüllmembran spricht auch das Auftreten eines proteasestabilen Fragmentes bei HP30 und HP30-2 (A, B, Spur C+ und E ◄) nach der Importreaktion. Bei plastidären Proteinen, bei denen das Transitpeptid prozessiert wird, tritt dieses „Fragment" schon in der C- Spur auf, da diese Reifung unabhängig von einer zugegebenen Protease ist. Bei HP30 und HP30-2 tritt ein Fragment erst <u>nach</u> Proteasezugabe auf, weswegen es klar von plastidären Proteinen mit abspaltbarem Transitpeptid unter-schieden werden kann. Dies bedeutet, dass HP30 und HP30-2 soweit in die (äußere) Membran integriert sind, dass ein kleiner Teil nach außen ins Zytosol ragt und dort von der zugege-benen Protease angegriffen und damit verkürzt werden kann. Entweder werden HP20 und HP22 so in einen Proteinkomplex eingebaut, dass sie für Proteasen komplett zugänglich sind (in der äußeren Hüllmembran), oder sie können aufgrund ihrer nichtnativen Struktur nicht assembliert werden, sodass sie auf der äußeren Hüllmembran verbleiben. HP30 und HP30-2 jedoch stecken tiefer in der Hüllmembran, evtl. auch gänzlich im Zwischenmembranraum. Darüber hinaus lassen sich zwischen den Proteinen, welche entweder in Retikulozytenlysat oder Weizenkeimextrakt synthetisiert wurden, signifikante Unterschiede feststellen. In

4.1 Grundlagenergebnisse

Weizenkeimextrakt wird eine vergleichbare Translationseffizienz erreicht. Auffällig ist, dass prominente Beiprodukte (◄) der Translation von HP30 und HP30-2 nicht mehr an den Chloroplasten binden oder evtl. nicht transportiert werden, wenn das Weizenkeimextraktsystem benutzt wurde. In der Diskussion wird das Thema „Die Bedeutung der Tim17-Homologe" (4.2.4) weiterführend behandelt. Weizenkeimextrakt wird in folgenden Experimenten nicht als Standardtranslationssystem benutzt, weil Retikulozytenlysat eine höhere Translationseffizienz besitzt und der Großteil der Transportsubstrate kodiert in einem dafür optimierten Vektor vorliegt. Der Einfluss des Translationssystems wird in Kapitel 4.4.3 weiter untersucht und im Abschnitt 5.1.5 der Diskussion weiter beleuchtet.

4.1.4 Evaluierung der Proteingelelektrophorese von *in organello* Importreaktionen unter nativen Bedingungen

Die Darstellung des *in organello* Importprozesses mit der denaturierenden SDS-PAGE ist eine verlässliche Methode, sie hat jedoch einen entscheidenden Nachteil: Durch die Denaturierung gehen die allermeisten Informationen über die während dem Transportprozess auftretenden Proteinkomplexe und -interaktionen, sowie den dabei entstehenden Transportintermediaten verloren. Die molekulare Maschine „Proteintransporter" vollbringt ihre Aufgabe durch Strukturänderungen aktiver Bereiche, welche hauptsächlich nicht-kovalenten Wechselwirkungen mit sich selbst oder benachbarten Proteine (auch dem Substrat) beinhalten. Es ist daher naheliegend, die Analyse des *in organello* Importes auch möglichst unter Erhalt dieser nichtkovalenten Wechselwirkung zu gestalten, die Elektrophorese also nichtdenaturierend durchzuführen.

Die Native Gelelektrophorese (an sich) gibt es nicht, denn mit dem Lösen der Membranproteine aus ihrer Umgebung mittels (nichtionischer) Detergentien verlassen die Proteine ihre natürliche Umgebung. Beispielsweise verdrängen die Detergentien die Lipide der Membran, was die Struktur der Proteinkomplexe verändern kann. Es kann daher nur von nah-nativen Bedingungen in Vorbereitung auf und während der Nativ-Gelelektrophorese ausgegangen werden. In den letzten Jahren hat sich ein Quasi-Standard für Nativ-Gelelektrophorese etabliert, die (*blue native*) BN-PAGE (Schagger and von Jagow, 1991). Diese ist jedoch nicht universell einsetzbar. So können z.B. damit nicht Proben aus allen Bereichen der Proteinbiochemie gleich gut aufgetrennt und analysiert werden (Eubel et al., 2005). Besonders gut funktioniert die BN-PAGE für Membranproteine aus z.B. Mitochondrien (Van Coster et al., 2001). Neben der BN-PAGE gibt es noch weitere Nativgelmethoden, wie z.B. die „Tris-Glycine-Native" (TGN) (Davis, 1964), die „Clear Native" (CN) (Schagger et al., 1994) oder die

4 Ergebnisse

„high resolution Clear Native" (hrCN) (Wittig et al., 2007), welche jeweils ihren eigenen Einfluss auf die Probendarstellung haben. Die TGN-PAGE eignet sich besonders für Proben von löslichen Proteinen, welche aber keinen besonders alkalischen isoelektrischen Punkt haben sollten. Die CN-PAGE wiederum eignet sich besonders für sensible Proben, besitzt aber Nachteile im Auftrennungs- und Auflösungsvermögen. Das Ziel einer Nativgelelektrophorese beinhaltet daher auch, die auf die jeweils zu bearbeitende Probe am besten passende, d.h. die Probe am wenigsten verändernde Methode zu finden; zumindest aber den Einfluss der Methode auf den Grad der Nativität der Proben zu ermitteln.

Die **Abb. 11** präsentiert das Ergebnis der Evaluierung der am besten geeigneten Nativgelmethode für die Analyse des Proteintransportes am Chloroplasten. Das Teilexperiment A beinhaltet zwei sehr unterschiedliche Substrate, so ist die FNR ein lösliches Protein des Stromas, der TPT dagegen ein polytopes Membranprotein mit acht α-helikalen Transmembranspannen. Diese gegensätzlichen Substrate wurden gewählt, um eine Methode zu finden, die beide Proteine und deren Komplexe gleichzeitig in einem Gel optimal auftrennen kann.

So zeigt sich in **A**, dass die BN-PAGE ganz gut die Importreaktion von FNR und TPT auftrennt und auch distinkte Banden abbildet, aber manche Proteinkomplexe nicht richtig auflösen kann. So zeigt sich Schmier bei FNR-Import im unteren Gelbereich, bei TPT-Import im oberen Gelbereich. Während die „clear native" (CN-PAGE) FNR ganz gut aufzutrennen vermag, ist das Auflösungsvermögen des TPT-Importes sehr begrenzt, was wahrscheinlich an der hohen Hydrophobizität des Transportsubstrates TPT und der damit interagierenden Membranproteinkomplexe liegt. Die CN-PAGE beinhaltet nämlich keinen Ladungsvermittler mit Detergentieneigenschaften während des Laufes, anders als BN-PAGE (Coomassie) und hrCN-PAGE (Desoxycholat). Am besten kann die hrCN beide Proben auftrennen. Es tritt zwar ein leichter Schmier im unteren Bereich des Gels in beiden Proben auf, jedoch nicht so ausgeprägt, wie in den beiden anderen Gelsystemen. Dazu trennt die hrCN-PAGE Proteinkomplexe von TPT im mittleren bis hohem Molekulargewichtsbereich auf, die keines der anderen beiden Gelsysteme scharf aufgelöst anzeigt. Eine ausführliche Diskussion der zugrundeliegenden Mechanismen erfolgt in (4.1.3).

Die Importreaktionen, welche Abb. 11**B** zeigt, geben einen ersten Einblick in das Elektrophoresemuster der Proteintransportkomplexe der Chloroplastenhülle, da die Transportsubstrate (Tic40, Tic110) gleichzeitig Untereinheiten des Transportapparates sind. Die sichtbaren Banden markieren daher entweder Teilkomplexe der Transportmaschinerie, in denen die Transportsubstrate schon funktional integriert sind (was für die prominentesten Banden anzunehmen ist). Oder sie geben Zwischenschritte des Proteintransports wieder, bei

4.1 Grundlagenergebnisse

denen Teilkomplexe der Transportmaschinerie gerade das Substrat erhalten haben und dabei sind, es weiterzugeben (welches die weniger ausgeprägten Banden sein könnten). Dass auch ganz andere Schlüsse gezogen werden können, erklärt die Diskussion in Kapitel 4.1.2 über die Aussagekraft von solubilisierten Membranproteinkomplexen. Ungeachtet dessen stärkt der Vergleich von BN- mit hrCN-PAGE von Tic40- und Tic110-Importen die Aussage von Abb. 11A1. So ist für die Analyse des plastidären Proteintransportes die hrCN- der BN-PAGE

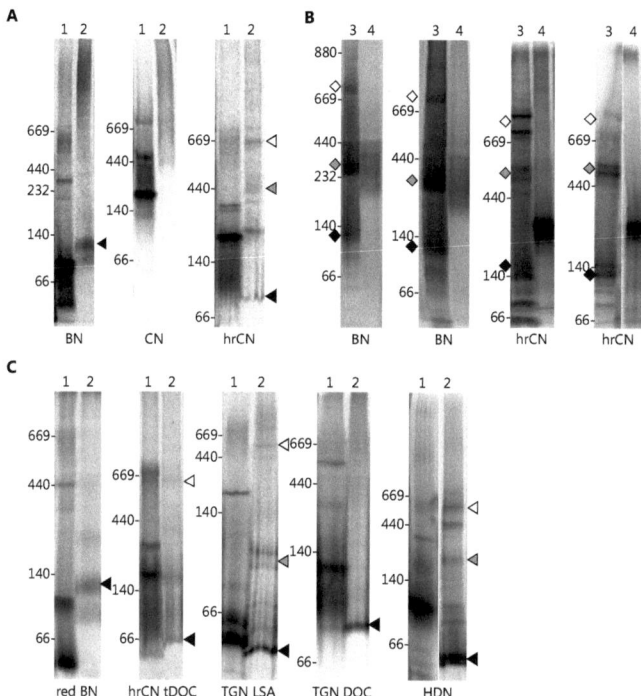

Abb. 11 Evaluierung von Nativ-Gelelektrophorese-Methoden. Nach Import von Standardsubstraten (**A,C**: 1 – FNR, 2 – TPT, **B**: 3 – Tic40, 4 – Tic110) unter Standardbedingungen wurden die gewaschenen aber proteaseunbehandelten Chloroplasten in dem jeweilig folgenden Nativgelsystem (**A1**: BN – „Blue Native PAGE", CN – „Clear Native PAGE", hrCN – „high resolution Clear Native PAGE", abgewandelte Nativgelsysteme **A2**: red BN – Blue Native Page mit 1/100 Coomassie im Probenpuffer, hrCN tDOC – hrCN mit Taurodeoxycholat anstelle Deoxycholat, TGN LSA – „Tris-Glycin Native PAGE" mit N-Lauroylsarcosin in Proben- und Kathodenpuffer, TGN DOC mit Deoxycholat in Proben- und Kathodenpuffer, HDN – „High Definition Native PAGE") zugehörigen Solubilisierungspuffern (5.3.3) gelöst und nach Standardprotokoll (5.3.6) aufgearbeitet. Die Proben wurden danach mit dem jeweiligen Gelsystem elektrophoretisch aufgetrennt und analog der SDS-PAGE anschließend mit den Gelen getrocknet und exponiert. Native Größenmarker eichen die Proteinmigration jeweils links der Autoradiographie in kDa. Dreiecke deuten auf Proteinkomplexe, welche TPT enthalten, wobei Schwarze Dreiecke (◄) indizieren mgl. reifes TPT, grau gefüllte Dreiecke (◄) weisen auf mögliche Transportkomplexe mittlerer Größe, ungefüllte Dreiecke (◁) zeigen auf denkbare Transportkomplexe mit höherem Molekulargewicht. Rauten kennzeichnen Tic40 beinhaltende Proteinkomplexe, von geringem (♦), mittlerem (♦) oder hohem (◊) Molekulargewicht.

vorzuziehen. Die BN-PAGE zeigt deutlichen Schmier und löst die Signale schlechter auf. Nebenbei ist der unterschiedliche gelelektrophoretische Effekt der beiden Gelsysteme sichtbar. So läuft die prominente Tic110-Bande in der BN-PAGE deutlich näher an der 440 kDa Markerbande als in der hrCN-PAGE. Eine Erklärung dafür wäre der Einsatz zweier verschiedener Ladungsvermittler (Coomassie vs. Desoxycholat), welche substratabhängig unterschiedlich binden (sowohl an den Tic110 enthaltenden Komplex, als auch an den Ferretinkomplex der 440 kDa Bande (siehe auch 4.1.3)) wodurch sich unterschiedliche Migrationsverhalten der Proteine ergeben.

In **Abb. 11C** wird die Idee der Anpassung des Gelsystems an die Probeneigenschaften weitergeführt. Dazu wird die Wirkung unterschiedlicher „milder" Ladungsvermittler im entsprechendem Gelsystem auf das Auflösungsvermögen der Importreaktionen untersucht. Erkennbar ist dabei zum einen, dass das Coomassie in der BN-PAGE einen unpassenden Ladungsvermittler darstellt, da auch mit weniger Coomassie (**Abb. 11C**, red. BN) keine bessere Auftrennung erreicht wird. Der Einfluss von Coomassie auf die Darstellung von Transportintermediaten ist daher höchstwahrscheinlich nicht konzentrationsabhängig. Weiter zu sehen ist, dass das dem Desoxycholat verwandte Taurodesoxycholat in der hrCN (**C**, tDOC) weniger gut geeignet ist. Die Auftrennung mit Standard hrCN-PAGE (**A**) gibt mehr deutliche Signale wieder. Die mit den Ladungsvermittlern DOC und LSA versehene „Tris-Glycine-Native" (**C**) erzielt relativ gute Auftrennungsresultate (besonders mit LSA). Diese reichen jedoch nicht an die Auftrennungsqualität der hrCN-PAGE heran. Die HDN-PAGE kann in der Auflösung des FNR-Importes qualitativ gleichziehen, die Stärke dieses Gelsystems wird aber mit der Auftrennung des TPT-Importes deutlich, welcher alle Banden scharf fokussiert und damit qualitativ hohe Maßstäbe setzt. Die HDN-PAGE ist eine neue Nativgelmethode (Ladig et al., 2011), die im Rahmen dieser Arbeit entwickelt wurde. Sie kombiniert den Vorteil der hrCN-PAGE (die Detergentienkombination DOC/DDM) mit einem diskontinuierlichem Gelsystem (pH-Wert Wechsel von Kathode zu Anode). So können auch Membranproteine des *in organello* Importsystems überzeugend dargestellt werden, welche den anderen Nativgelsystemen z.T große Schwierigkeiten bereiten. Die genauen Charakteristika, so z.B. die Anwendbarkeit auf andere Proben und damit die generellen elektrophoretischen Eigenschaften dieser neuartigen Nativgeltechnik werden im nächsten Kapitel detailliert ausgeführt.

Zusammenfassung Die in diesem Kapitel dargelegten Ergebnisse zeigen, dass das Themengebiet des Proteintransportes mit den ausgewählten Methoden bearbeitet werden kann. Dabei nimmt die Nativgelelektrophorese eine entscheidende Position ein, um die

4.1 Grundlagenergebnisse

während der *in organello* Importreaktion ablaufenden Prozesse zu untersuchen. Dabei eignen sich wahrscheinlich Systeme mit der Detergentienkombination Doc/DDM besonders zur Analyse des plastidären *in organello* Proteintransportes. Ein weiterer wichtiger Punkt ist die Auswahl der Substrate für die Transportreaktion. Auch um methodische Artefakte zu erkennen, ist ein möglichst großes Spektrum an Substrateigenschaften vertreten. Die Einbeziehung dabei von unbeschriebenen, möglichen Kandidaten (HP20, HP22, HP30, HP30-2) der plastidären Hüllmembrantransportmaschinerie stützt sich auf Sequenzähnlichkeiten und evolutionärer Nähe dieser Proteine zu Untereinheiten des mitochondriellen Transportapparates.

4 Ergebnisse

4.2 Evaluierung der „High Definition Native" (HDN) PAGE

Die „High Definition Native" PAGE wurde im Rahmen dieser Arbeit wegen verschiedener Nachteile schon bekannter Nativgelsysteme entwickelt. Eine Haupteigenschaft sollte die gute, fokussierte Auftrennung von Proteinproben unterschiedlichster organismischer Herkunft und Eigenschaften sein. Weitere wichtige Aspekte sind u.a. die einfache Handhabbarkeit und kostengünstige Anwendung. Die bewährte Kombination (Abb. 11) von Dodecylmaltosid und Desoxycholat als Ladungsvermittler wurde mit einer diskontinuierlichen Gelelektrophorese verknüpft. Diese Systeme beinhalten Verbindungen geringer Größe, welche zwitterionische Eigenschaften aufweisen müssen, so z.b. Glycin in der SDS-PAGE nach (Laemmli, 1970). Diese erhöhen durch einen pH-Wertwechsel (daher diskontinuierlich) im Gelsystem ihre Laufgeschwindigkeit und sorgen so für eine bessere Fokussierung der Proteine während des Gellaufs. Das native diskontinuierliche Gelsystem von (Niepmann and Zheng, 2006) benutzt Histidin als sogenanntes „trailing ion", also das „Fokussier-Ion", und stellt den Großteil der Pufferrezepte als Basis für die HDN-PAGE. So kann diese Abkürzung auch als „histidine-deoxycholate-native" verstanden werden. Das von Niepmann und Zheng ursprünglich benutzte Coomassie wurde dagegen aus den im vorigen Kapitel aufgeführten Gründen verworfen. In den nachfolgenden Ergebnissen zeigen sich die Vor- und Nachteile der HDN-PAGE.

4.2.1 Vergleichende Auftrennung solubilisierter Mitochondrien mit verschiedenen nativen Gelelektrophoresetechniken

Die etablierten und für viele verschiedene Proben eingesetzte BN-PAGE (Schagger and von Jagow, 1991) und hrCN-PAGE (Wittig et al., 2007) geben den Standard vor, mit dem sich die HDN-PAGE vergleichen muss. Dafür eignen sich Mitochondrien als Proben sehr gut, da an ihnen sehr intensiv auch mittels Nativgelelektrophorese geforscht wird und somit ausreichend Vergleichsdaten vorliegen. So werden hier Mitochondrien aus verschiedenen Standardquellen (Rinderherzen und Alkanhefe) als Proben benutzt (Abb. 12). Die HDN-, BN- und hrCN-PAGE trennen die Proteinkomplexe der bovinen Atmungskette (**A**) gut sichtbar aber leicht unterschiedlich auf. Die verschiedenen Konzentrationen des Detergenz Digitonin haben bei keinem Gelsystem einen sichtbaren Einfluss auf die Darstellungsqualität. Die hrCN-PAGE verteilt dabei bei gleicher Dichte der Acrylamidmatrix im Gel die Komplexe über einen kleineren Bereich auf. Die HDN-PAGE gibt ein der BN-PAGE ähnliches Bandenmuster wieder, es zeigen sich jedoch weniger Superkomplexe, dafür ist die Auftrennung im niedermolekularen Bereich besser. Die mitochondriellen Atmungskettenkomplexe von *Y. lipolytica*

4.2 Evaluierung der „High Definition Native" (HDN) PAGE

werden durch die BN-PAGE am besten dargestellt. hrCN- und HDN-PAGE erreichen nicht diese Qualität. Die Leistung der HDN-PAGE ist dabei deutlich besser als die der hrCN-PAGE. So sind z.B. in der BN-PAGE (**Abb. 12A, B**) klar Komplex I, III, IV und V, sowie ein Superkomplex zu sehen. Der Komplex I (NADH:Ubiquinon Oxidoreduktase), welcher durch seine katalytische Aktivität (NADH) bei jedem Gellauf (**A, B**) indiziert ist, wird dadurch sichtbar

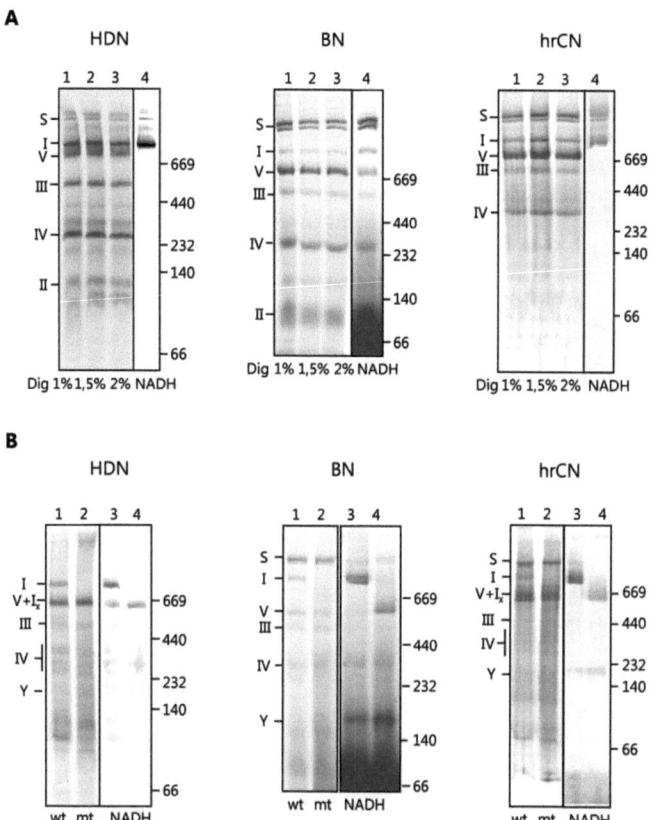

Abb. 12 Analyse von mitochondrialen Membranen mittels nativer PAGE. Solubilisierte Mitochondrien (**A** - Rinderherzmitochondrien, **B** - *Y. lipolytica* Mitochondrien) wurden mit „High Definition Native PAGE" (HDN), „Blue Native PAGE" (BN) und „high resolution Clear Native PAGE" (hrCN) mit den jeweiligen Puffern (5.3.9, 5.3.10, 5.3.11) aufgetrennt und Coomassie gefärbt (jeweils links, 5.3.16.1) oder „in-Gel" katalytisch untersucht (5.3.18). (**A**) Rinderherzmitochondrien wurden mit verschiedenen Digitoninkonzentrationen solubilisiert. (**B**) Mitochondrien von Wildtyp (wt) oder Stamm Δ*NB8M* (mt) *Yarrowia lipolytica*. Größenstandards kennzeichnen rechts, links werden identifizierte und abgeleitete Atmungskettenkomplexe benannt (S – Atmungskettensuperkomplexe, I – Komplex I / NADH:Ubiquinon Oxidoreduktase, V – Komplex V/ATP-Synthase, III – Komplex III/Cytochrom-c-Reduktase, IV – Komplex IV/Cytochrom-c-Oxidase, II – Komplex II / Succinatdehydrogenase, Y – putative Glycerol-3-phosphatdehydrogenase)

durch die HDN-PAGE (**B**) am schärfsten dargestellt, bei BN-PAGE wird er leicht, bei der hrCN-PAGE dagegen stark verschmiert. Dagegen erscheint ein Subkomplex des Komplex I (**B**, I_x) in der HDN-PAGE, welcher die Größe des Komplex I der Mutante besitzt. BN-PAGE und hrCN-PAGE zeigen diesen Subkomplex nur in der Mutante *ΔNB8M*. Dieser Stamm zeichnet sich durch ein fehlerhaftes Komplex I Assembling aus (Dröse *et al*, in Vorbereitung), weswegen er für diese Untersuchungen benutzt wurde. Es zeigt sich, dass nur die HDN-PAGE (zu sehen in der NADH-Färbung) im Wildtyp ein der Mutante vergleichbares Signal generiert (Abb. 12B). Daraus kann geschlossen werden, dass diese Methode zu einer teilweisen Disassemblierung von Komplex I führt. Des Weiteren treten bei der HDN-PAGE im Vergleich zu den Mitochondrienproben weniger Superkomplexe und mehr Subkomplexe auf, was auch für einen geringeren Grad der Nativität der Proben spricht. Eine Erklärung dafür kann der leicht alkalische pH-Wert des Gelsystems (8,0 > 8,8) gegenüber dem neutralen pH von BN- und hrCN-PAGE (7,0) sein. Es ist bekannt, dass die Assemblierung der mitochondriellen Atmungskette und besonders Komplex I stark vom pH-Wert und Ionenstärke des umgebenden Mediums beeinflusst wird (Bottcher et al., 2002; Lenaz and Genova, 2010).

4.2.2 Vergleichende Auftrennung prominenter Proteinkomplexe von Chloroplasten und Thylakoiden

Das Hauptuntersuchungsgebiet dieser Arbeit ist der chloroplastidäre Proteintransport, weswegen zur weiteren Evaluierung der Eigenschaften der HDN-PAGE nun Organellen aus der Luzerne (*Medicago sativa*) und Erbse (*Pisum sativum*), sowie Thylakoide des Cyanobakteriums *Anabaena sp.* untersucht werden (**Abb. 13**). Die Unterschiede zwischen den einzelnen Gelsystemen, zwischen den Proben und auch den vergleichend eingesetzten Detergentien sind eindeutig. So gibt die Auftrennung von Proben solubilisiert mit Dodecylmaltosid mehr Banden wieder, als jene, die mit Digitonin gelöst wurden. Dies ist mit der ungleich höheren „Solubilisierungskraft" von Dodecylmaltosid zu erklären, die es schafft, auch die Thylakoide der Chloroplastenprobe komplett zu lösen (persönliche Beobachtung). Die Auftrennung der hrCN-PAGE ist in keinem der drei Proben zufriedenstellend, die Proteinbanden sind unscharf und ein z.T. starker Schmier ist zu beobachten. Die Proteinauftrennung von BN- und HDN-PAGE ist qualitativ ähnlich hoch, die HDN-PAGE gibt tlw. einen leichten „smiley"-Effekt der Proteinbanden wieder, die BN-PAGE erzeugt mitunter Präzipitationen größerer Proteinbanden (**A***, **B***).Die Schärfe bei der Auftrennung der Thylakoide (**Abb. 13C**) mittels HDN- und BN-PAGE erreicht das höchste Niveau.

4.2 Evaluierung der „High Definition Native" (HDN) PAGE

Der Rubiscoproteinkomplex der Chloroplasten aus Erbse zeigt im Gelvergleich ein ungewöhnliches Laufverhalten. So ist die Größe des Holoenzyms zum einen artbedingt (*M. sativa* ≈ 440 kDa; *P.sativum* ≈ 600 kDa) und zum anderen dessen Migrationsverhalten abhängig vom verwendeten Gelsystem. Jedoch zeigt sich bei Dodecylmaltosidsolubilisierung in der BN-PAGE unerwartet ein zweiter Rubiscokomplex bei ca. 750 kDa, welcher weder in der Digitonin-solubilisierten Proben auftritt, noch in der HDN- oder hrCN-PAGE,

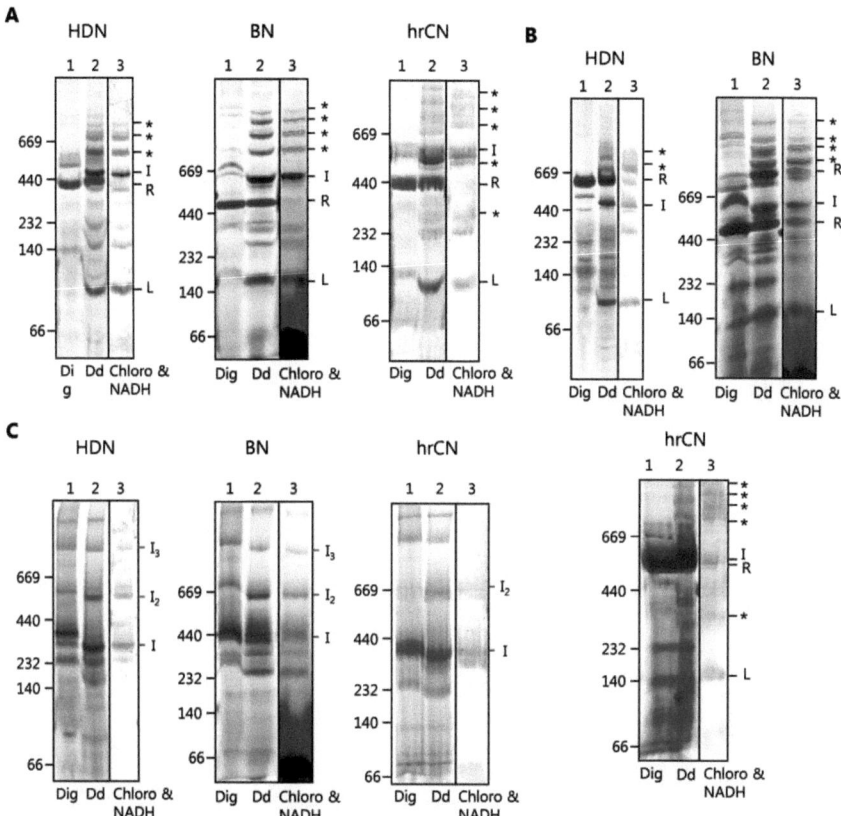

Abb. 13 Auftrennung chloroplastidärer & thylakoidärer Proteinkomplexe mittels nativer Gelektrophorese. Chloroplasten von *Medicago sativa* (A) und *Pisum sativum* (B) sowie Thylakoide von *Anabaena sp.*(C) entsprechend 15 µg Chlorophyll wurden in dem Gelsystem entsprechenden Solubilisierungspuffer, welcher entweder 1,5% Digitonin (Dig) oder 1% Dodecylmaltosid (Dd) enthielt, gelöst. Die nichtsolubilisierten Bestandteile wurden abzentrifugiert (5.3.6), die Überstände wurden mit den drei Nativgelsystemen (HDN, BN, hrCN) elektrophoretisch aufgetrennt. Spur 1 und 2 zeigen Coomassie gefärbte Gelstreifen, Spur 3 jeweils die „in-Gel" NADH:NBT Oxidationsaktivität als rötliche Färbung. Zusätzlich zeigt Spur 3 in Grün chlorophyllhaltige Komplexe. Molekulare Marker sind links angezeigt, NADH-Oxidase-Aktivität ist mit (*) gekennzeichnet. R markiert RuBisCO-Komplex, L zeigt auf Lichtsammelkomplexe (LHC), I bezeichnet Photosystem I Komplexe.

unabhängig vom Detergenz. Es scheint sich um einen spezifischen Effekt der Rubisco aus Erbsenchloroplasten zu handeln, da dieser Effekt mit den Luzernenproben nicht zu beobachten ist. Vielleicht handelt es sich um einen Coomassie-Artefakt, da zum einen die Rubisco aus Luzerne kaum Coomassie bindet (zu sehen in der Chloro&NADH-Spur der BN-PAGE (**A**)), Rubisco aus Erbse jedoch klar mehr (**B**, BN, Chloro&NADH) und so in Kombination mit Dodecylmaltosid ein ungewöhnliches Oligomerisierungs- und Migrationsverhalten zeigt. Denkbar wäre auch, dass nur in dieser Kombination Interaktionen mit anderen Proteinkomplexen, z.B.: cpn60, bewahrt bleiben (Liu et al., 2010).

Insgesamt stellt die HDN-PAGE eine hochwertige Methode dar, Proteinkomplexen aus Chloroplasten und Thylakoiden aufzutrennen und kann sowohl allein als auch zusätzlich zur BN-PAGE zur Analyse von z.b. Photosynthesekomplexe benutzt werden.

4.2.3 Auftrennung von Proteinen der äußeren und inneren Hüllmembran von *P. sativum* Chloroplasten mittels verschiedener Nativgelsysteme

Die blau native Gelelektrophorese wurde mit solubilisierten Organellproben evaluiert, wobei deren Verhältnis von Proteinen zu Lipiden in den Membranen weitesgehend kompatibel zur elektrophoretischen Auftrennung der Proben ist. Dieses Verhältnis beeinflusst die Wirkung der Detergentien während der Solubilisierung und damit letztlich den Grad der Nativität gegenüber der *in vivo* Situation. Die isolierten Membranvesikel der äußeren und inneren Hüllmembran besitzen für die Solubilisierung ein ungünstiges Protein zu Lipiden-verhältnis. Bedingt durch den plastidären Aufbau finden sich in der inneren Hüllmembran weniger Proteine pro Lipid als in der Thylakoidmembran, einen noch geringeren Proteinanteil besitzt die äußere Hüllmembran (Block et al., 1983). Daher befindet sich in den jeweiligen Präparationen ein sehr hoher Lipidanteil, welcher auch denaturierenden PAGEn bis hin zur Unauswertbarkeit in ihrem Laufverhalten beeinflusst (persönl. Beobachtung). So verwundert es nicht, dass auch die bisher etablierten Nativgelsysteme solch komplexe Proben nicht hinreichend auftrennen konnten.

Die in **Abb. 14** analysierten Proben zeigen deutliche Unterschiede in Abhängigkeit vom verwendeten Detergenz und Gelsystem. In allen Proben ist deutlich die Bande des Rubiscokomplexes zu sehen, welcher ein Artefakt der Präparation darstellt. Am besten werden die inneren und äußeren Membranvesikel durch die HDN-PAGE aufgetrennt. Beim Solubilisieren mit Digitonin werden die meisten Banden scharf dargestellt, welche bei Decyl- und Dodecylmaltosid mehr oder weniger auch auftreten. Die von den mit 2% Digitonin

4.2 Evaluierung der „High Definition Native" (HDN) PAGE

solubilisierten Proben duplizierten Spuren verwendeten Western-Blots zeigen nach Inkubation mit αToc34 deutlich einen 700 kDa Toc-Komplex, welcher hier in geringerer Höhe migriert, als soweit mittels BN-PAGE beschrieben (Kikuchi et al., 2006). Des Weiteren sind mehrere andere Toc34-enthaltende Komplexe mit Molekulargewichten von 130 kDa, 240 kDa und auch bei 400 kDa zu erkennen. Diese eindeutige Zuordnung gelingt auch mit dem Tic110-Antikörper, welcher Komplexe von 120 kDa und 240 kDa distinkt anzeigt. Weitere

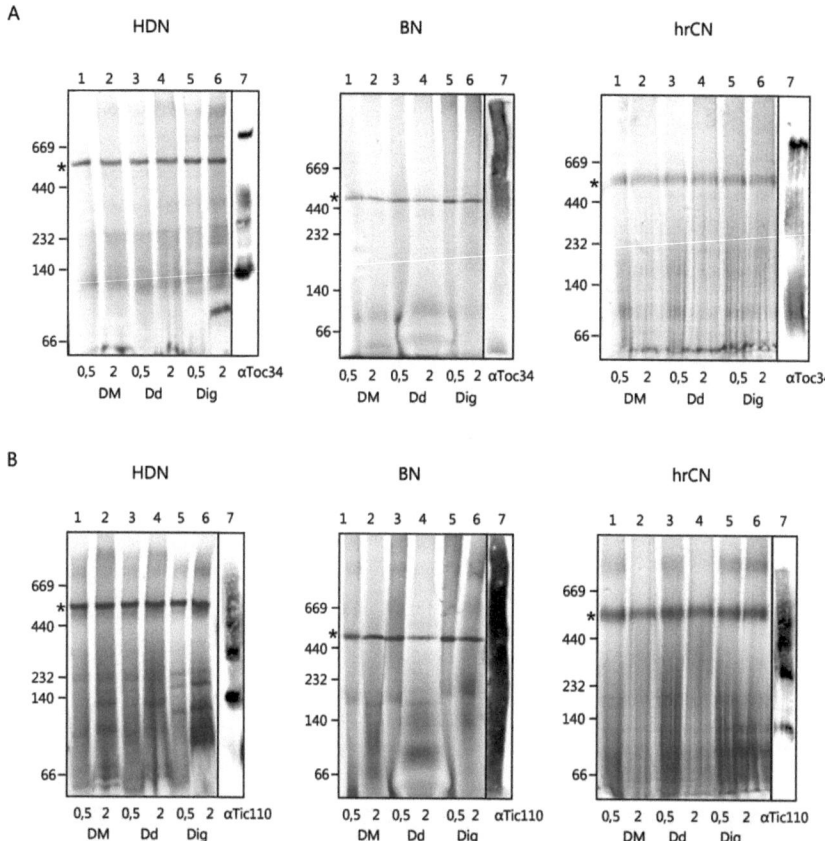

Abb. 14 Analyse der Proteinkomplexe der äußeren und inneren Hüllmembran von Erbsenchloroplasten durch native PAGE. Gleiche Mengen von äußeren (A) und inneren (B) Hüllmembranvesikeln wurden mit Decylmaltosid (DM), Dodecylmaltosid (Dd) und Digitonin (Dig) in den angegebenen Konzentrationen (in %) solubilisiert. Anschließend wurden die Proben standardmäßig aufgearbeitet (5.3.6) und mit den jeweiligen Gelsystemen (HDN, BN, hrCN) aufgetrennt. Resultierende Gele wurden Coomassie angefärbt (1-6). Duplizierte Spuren der 2% Digitonin Proben wurden geblottet (5.3.13) und immunologisch mit Antikörper gegen Toc34 (A) respektive Tic110 (B) untersucht. Größenstandards sind links durch molekulare Marker angegeben.

Signale zeigen weniger distinkte Banden, was unter Umständen an Kreuzreaktionen des Tic110-Antikörper liegen kann, da auch die hrCN-PAGE ein ähnliches Bild zeigt.

Die BN-PAGE zeigt zum einen Laufartefakte in Abhängigkeit vom verwendeten Detergenz (**Abb. 14A, B** Spur 2&4), sowie werden die mit dem Western nachgewiesen Proteinen (Toc34 und Tic110) nicht fokussiert, sie schmieren z.T. über die gesamte Laufstrecke. Im Vergleich dazu präsentiert die hrCN-PAGE das überzeugendere Ergebnis. Es sind zwar ausgeprägte vertikale Schmierstreifen zu sehen, welche die Proteinbanden etwas diffuser wirken lassen. Jedoch ist es mit dieser Nativgelvariante möglich, Toc34 und Tic110 enthaltende Proteinkomplexe mittels Western-Analyse nachzuweisen. Diese zeigen in der HDN-PAGE vergleichbare Molekulargewichte. Auch beeinflussen die zur Solubilisierung der Probe gewählten Detergenzien die hrCN-PAGE im Laufverhalten kaum. Denn während wie schon erwähnt in der BN-PAGE (**A, B**) bei 2% DM und 2% DDM dicke „Blops" im unteren Gelbereich auftreten, zeigen die HDN- und hrCN-PAGE geringere Laufartefakte bei solch hohen Detergenzkonzentrationen.

Für relativ komplexe Proben mit einem ungünstigem Lipid/Proteinverhältnis (wie hier untersucht die innere und äußere Chloroplastenhüllmembran) spielt die HDN-PAGE ihre Stärken aus, welche in der verbesserten Auftrennung und Auflösung von Makromolekülen während der Elektrophorese liegen und präsentiert überzeugende Gelelektrophoresen von nativen Proteinproben der Chloroplastenhüllmembran (Abb. 14).

4.2.4 Vergleichende Auftrennung von *in vitro* Translationen und Importreaktionen mit verschiedenen nativen PAGEs

Die Auftrennung von Proteinproben, welche radioaktiv markierte Proteine enthalten, stellt den letzten Schritt auf der Suche nach dem passenden Gelsystem dar und schließt die Evaluierung der Nativgelsysteme ab. Im Unterschied zu den Chloroplastenproben aus 3.2.2 wird jetzt das Augenmerk auf Proteine gelegt, welche in geringer Konzentration innerhalb der Gesamtprobe vorkommen, also nicht mit Coomassie angefärbt werden können. Primär zählt das Auflösen der radioaktiven Probe, erst sekundär interessiert das Auftrennen der abundanten Proteine, wie z.B. um die Proteine des nativen Größenstandards anzuzeichnen. Zusätzlich stellt die Auftrennung der Translationsreaktion an sich erhebliche Ansprüche an das Gelsystem, da Retikulozytenlysat einen extrem hohen Proteingehalt hat (100–150 µg/µl). Es stellt somit eine andere Art von komplexer Probe dar. Die in **Abb. 15** dargestellte native Auftrennung zeigt, dass besonders die Translationen von TPT in der BN- und hrCN-PAGE

4.2 Evaluierung der „High Definition Native" (HDN) PAGE

(Spur 3) nicht fokussiert werden können, was mit dem hydrophoben Charakter von TPT erklärt werden kann. Die Auftrennung derselben Probe mittels HDN-PAGE (Spur 3) zeigt, dass sehr viele Interaktionen mit TPT auftreten, vermutlich verschiedene molekulare Chaperone-Proteinkomplexe, die TPT löslich halten. Die Translationsreaktion von tpTPT_EGFP gibt wenige Banden wieder, die in der BN- und hrCN-PAGE weniger Schmier erzeugen, die HDN-PAGE löst diese Probe wiederum besser auf.

Die native Auftrennung der Importreaktion festigt das Ergebnis der Eignung der Nativgelsysteme. Coomassie hat einen negativen Einfluss auf den Erhalt der Transportintermediate, da im Vergleich mit hrCN- und HDN-PAGE, welche Desoxycholat benutzen, eindeutig weniger Proteinbanden zu sehen sind. Ausgenommen der fertig transportierten

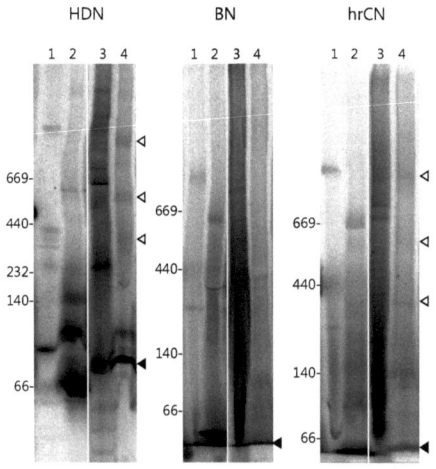

Abb. 15 Darstellungsqualität der drei Nativgelsysteme von radioaktiven Proben. Sowohl Aliquots einer ^{35}S-Methionin beinhaltenden Translationsreaktion mit tpTPT-RNA (1) oder TPT-RNA (3), gelöst in den entsprechenden Solubilisierungspuffern, als auch Digitoninsolubilisate der entsprechenden Standardimportreaktionen (tpTPT (2), TPT (4)) wurden mit den drei Gelsystemen (HDN, BN, hrCN) elektrophoretisch aufgetrennt. Komplett schwarze Dreiecke (◀) markieren die am schnellsten wandernden markierten Proteine, weiß gefüllte Dreiecke (◁) zeigen auf mögliche Transportintermediate (Substratproteininteraktionen).

Proteinsubstrate ist in der BN-PAGE der tpTPT-Probe (Spur 2) nur eine zusätzliche Bande in Höhe der 669 kDa Marke zu sehen, welche auch in den anderen beiden Gelsystemen vorkommt. Der Vergleich von hrCN- und HDN-PAGE zeigt ein sehr ähnliches Bandenmuster, wobei die HDN-PAGE diese Signale schärfer darstellt.

Für die späteren Analysen wird in dieser Abbildung eine wichtige Aussage getroffen. Die Proteinkomplexe, welche in der Auftrennung der Translation und in der Importreaktion sichtbar sind, besitzen nicht dieselbe Größe. Dies wäre der Fall, wenn z.B. keine hinreichende Trennung zwischen Translation und Chloroplasten nach der Importreaktion stattfinden würde. So würden falsch positive Signale „mitgeschleppt" werden, die man fälschlicherweise als Importkomplexe charakterisieren könnte. Aufgrund dieser eindeutigen Unterscheidung sind die Signale der elektrophoretischen Auftrennung von Importreaktionen keine Artefakte aus der Translationsreaktion.

Die überlegene Auftrennung von *in vitro* Translationen mittels HDN-PAGE wird weiter in Abb. 16 demonstriert. Darüber hinaus zeigt sie, dass die Zugabe von Brij 35 zur Translationsreaktion nur für Membranproteine relevant ist, welche auch inklusive Brij 35 vergleichbare Translationseffizienzen zeigen. Das nichtionische Detergenz Brij 35 hält laut Theorie die Membranproteine in Lösung und verhindert Aggregationen. Es ahmt den Effekt von molekularen Chaperonen nach (Krause et al., 2002). Dabei vermindert es die Bildung von Chaperon-Translationsprodukt-Komplexen. Wie die Abb. 16 deutlich zeigt, sind in den Plus-Spuren keine distinkten höhermolekularen Signale auszumachen. Die in den Minus-Spuren zu sehenden Signale zeigen eine Substratabhängigkeit, bzw. eine Hydrophobizitätsabhängikeit. So zeigen die löslichen Proteine nur ein Signal (◁) bei ca. 780 kDa. Abzuleiten aus der Art der Probe und der molekularen Größe dieses Komplexes könnte es sich dabei um eukaryotische Chaperonine (CCT oder TRiC) handeln (Nimmesgern and Hartl, 1993). Inwieweit diese an dem *in organello* Importprozess beteiligt sind, lässt sich jedoch nicht sagen. Darüber hinaus zeigen TPT und HP45, zwei sehr hydrophobe polytope

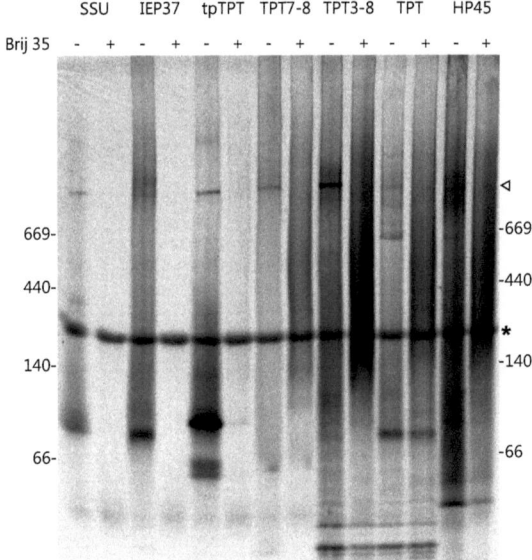

Abb. 16 Untersuchung von Translationskomplexen in Retikulozytenlysat. HDN-PAGE von *in vitro* Translationen in Retikulozytenlysat mit +/- 0,1% Brij 35. Sternchen (*) zeigt unspezifisch markiertes Globin. Weiß gefülltes Dreieck (◁) markiert möglichen Chaperonin-Komplex.

4.2 Evaluierung der „High Definition Native" (HDN) PAGE

Membranproteine, ein sehr ähnliches Muster in der Minus-Spur, was auf weitere, kleinere Chaperonesysteme speziell für sehr hydrophobe Proteine schließen lässt. Über Hsp70- oder Hsp90-Substratkomplexe kann nur spekuliert werden, da sie kaum distinkten Signale vergleichbar der Chaperonine produzieren (Willmund et al., 2008). Eine Interaktion mit dem Transitpeptid ist unterdessen sehr wahrscheinlich, die Untersuchung dessen muss in weiterführenden Experimenten erfolgen. Manche Signale, wie z.b. von TPT3-8 und TPT im unteren Bereich (>66 kDa) stellen wahrscheinlich Nebenprodukte der Translation dar, bedingt durch interne Translationsstarts oder vorzeitige Translationsabbrüche im Transkript des Konstruktes.

Zusammengefasst stellt die neu entwickelte HDN-PAGE eine vollwertige Option in der Auftrennung von Proteinkomplexen dar. Sie löst native Proteinproben unabhängig von der Komplexität der Probe scharf auf und ermöglicht so weitreichende Analysen in einem Gelansatz. Alkalisch sensitive Proben (z.b. die mitochondrielle Atmungskette) sollten aber aufgrund des erhöhten pH-Wertes in Kombination mit der BN-PAGE oder hrCN-PAGE untersucht werden. Daneben zeigt sich wiederum, dass die Ladungsvermittlung via DOC&DDM Vorteile gegenüber Coomassie besitzt. So stellen die HDN- und die hrCN-PAGE die Nativgelmethoden der Wahl dar, auch wenn die hrCN-PAGE leichte Schwächen in der Auflösung und Auftrennung von Proteinproben besitzt. Da die hrCN-PAGE aufgrund ihres neutralen pH-Wertes einen höheren Grad an Nativität gegenüber der HDN-PAGE besitzen sollte, wird im folgenden Ergebnisteil zwischen den beiden Methoden alterniert, um die Nachteile beider zu kompensieren und die Vorteile ausspielen zu können.

4 Ergebnisse

4.3 Evaluierung der Parameter zur Analyse von *in organello* Importexperimenten mittels Nativgelelektrophorese

Der Aufschluss des Blattmaterials stellt einen kritischen Schritt in der Isolierung von Chloroplasten dar. Das „Schreddern" trennt Zellen auf und entlässt die Chloroplasten in den Homogenisationspuffer. Falls dabei durch zu exzessives Schreddern die sehr sensible äußere Hüllmembran beschädigt wird, kann unter Umständen die Effektivität des Proteintransportes abnehmen. Der Grad der Effektivität entspricht reziprok dem Anteil von Chloroplasten mit beschädigter äußerer Hüllmembranen in Suspension. Der Aufschluss wirkt aber nicht nur mit verlängerter Dauer des Schredderns der Importeffektivität abträglich, sondern auch die physikalischen Eigenschaften des Aufschlussmediums beeinflussen die Integrität. So kann eine erniedrigte Oberflächenspannung im Medium im Zusammenhang mit Lufteinschlüssen und daraus resultierender Schaumbildung vermehrt geschlossene Membransysteme zerstören

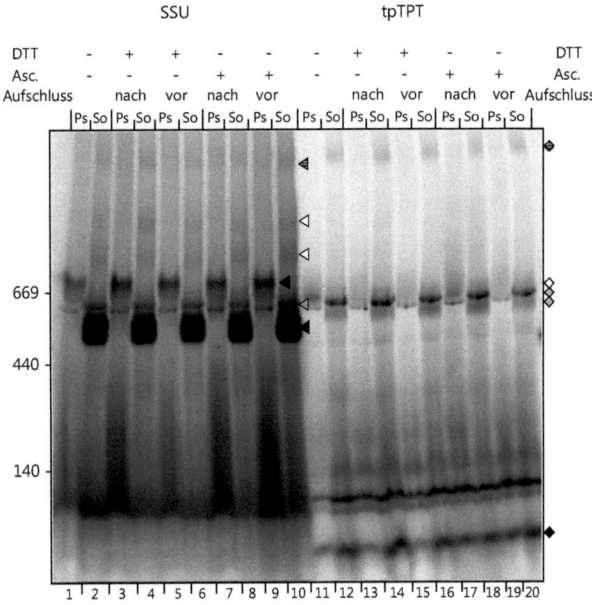

Abb. 17 Einfluss der Aufschlussmethodik des Blattmaterials auf die Darstellbarkeit von Transportintermediaten. Autoradiografie der HDN-PAGE von solubilisierten Chloroplasten nach Standardimporten von SSU und tpTPT. Blattgewebe von *P. sativum* (Ps) oder *S. oleracea* (So) wurde mit Homogenisationspuffer, welcher entweder vor oder nach dem Aufschluss mit 5 mM Reduktionsmittel (DTT, Ascorbinsäure) komplementiert wurde, aufgeschlossen. Komplett schwarze Dreiecke (◄) zeigen auf Rubiscoholokomplex, schwarze Raute (♦) markiert reifes, freies tpTPT. Grau gefülltes Dreieck (◄) und graue Raute (◊) indizieren Transportintermediat spezifischer Charakteristik (K700), weiß gefülltes Dreieck (◁) und Raute (◊) markieren Substratproteinkomplex mit hohem Molekulargewicht und mit Muster gefülltes Dreieck (◄) und Raute (♦) kennzeichnen Signal mit höchstem Molekulargewicht.

4.3 Evaluierung der Parameter zur Analyse von in organello Importexperimenten mittels Nativgelelektrophorese

(Spelsberg et al., 1984; Vladkova et al., 2010; Yu and Damodaran, 1991). Daneben stellt der Redoxgrad der Chloroplastensuspension einen weiteren Faktor dar, welcher die Importeffizienz beeinflusst. Die Proteine auf der Chloroplastenoberfläche liegen reduziert im Zytosol vor. Durch den Aufschluss werden die Redoxgrade durch teilweise Vermischung von kaputten Kompartimenten durcheinandergebracht und „neutralisieren" sich. Im Sinne der Nativität sollte auch die Chloroplastensuspension reduziert sein.

Womit und wann die Reduktion der Chloroplastensuspension erfolgt, zeigt die **Abb. 17**. Hier wird unterschieden, ob entweder vor oder nach dem Aufschluss des Blattmaterials mit DTT oder Ascorbinsäure reduziert wird. So zeigt sich, dass die Reduktion mit DTT eher nach dem Aufschluss erfolgen sollte, da die Transportintermediate so am deutlicher hervortreten (Spur 10). Falls mit Ascorbinsäure reduziert wird, sollte dies vor dem Aufschluss erfolgen (Spur 4). Beides ist am Beispiel des SSU-Importes in die Spinatchloroplasten zu erkennen. Die Importreaktion von SSU in Erbsenchloroplasten zeigt weniger Transportintermediate als in Spinatchloroplasten, am deutlichsten tritt bei Erbsenchloroplasten die Bande im 550 kDa Bereich (◄) hervor. Dieses Signal reagiert ähnlich auf DTT und Ascorbinsäure. Der tpTPT-Import in Spinatchloroplasten zeigt nur ein Transportintermediat (◆) mit höchstem Molekulargewicht, welches seine Intensität nicht verändert. Nennenswerte Veränderungen treten hier beim Import in Erbsenchloroplasten im 570 kDa-Bereich (◇) auf. Im Importansatz ohne Reduktionsmittel, von sowohl SSU, als auch tpTPT finden sich insgesamt weniger freie und oder gereifte Transportsubstrate (◄,◆), was auf eine geringe Import-

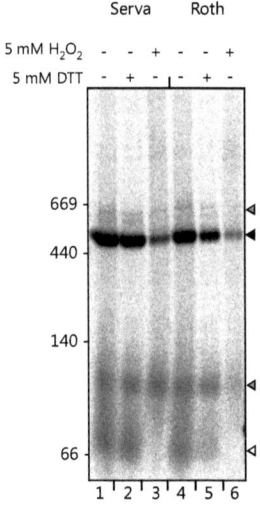

Abb. 18 Einfluss des Redoxgrades vom Importpuffer und der Qualität vom bovinen Serumalbumin (BSA) auf die Importrate. Autoradiografie einer hrCN-PAGE vom Standardimport von SSU. Unterschiedliche Qualitäten bzw. Hersteller (Serva - „receptor grade" Roth - ≥98 %) von BSA im Importpuffer (5.3.3) wurden verglichen. Daneben wurde im Importpuffer Reduktionsmittel (5 mM DTT) oder Oxidationsmittel (5 mM H_2O_2) zugegeben. Schwarz gefülltes Dreieck (◄) markiert Rubiscoholoenzym, Grau gefülltes Dreieck (◄) bezeichnet putative Transportintermediatkomplexe, weiß gefülltes Dreieck (◁) zeigt putativ freies SSU.

effizienz deutet. Dieses Experiment zeigt neben der Notwendigkeit der Reduktion des aufgeschlossenen Blattmaterials auch wann und mit welchem Reduktionsmittel gearbeitet werden sollte. In den weiteren Experimenten wurde daher die Reduktion mit 5 mM DTT nach dem Aufschluss als Standard gesetzt.

Die Effektivität der Transportreaktion wird neben dem Aufschluss maßgeblich durch die Importbedingungen beeinflusst. Unter anderem wirkt sich die Qualität des im Importpuffer verwendeten BSA (Bovines Serumalbumin) auf die Importeffizienz aus (**Abb. 18**). Da BSA ein extrazelluläres Serumprotein mit Disulfidbrücken ist, wurde auch die Untersuchung des Einflusses des Redoxgrades auf BSA während des Importes mit eingeschlossen. So ist das BSA mit höherer Reinheit (Serva) zu bevorzugen, da nach gleicher Importzeit mehr SSU in den Rubicoholokomplex eingebaut wurde, als mit BSA vom Hersteller Roth. Des Weiteren sinkt auch die Einbaurate bei oxidierenden Bedingungen während der Importreaktion. Dieses Ergebnis steht im Einklang mit der Fachmeinung, nach der es diverse Untereinheiten dieses Transportapparates gibt, die eine Redoxsensitivität zeigen (Kessler and Schnell, 2006).

Nachdem die Integrität der Chloroplasten und die Zusammensetzung des Importpuffers untersucht und bestätigt ist, kann die Importreaktion als solches an dem Arbeitsziel ausgerichtet werden. Der Proteintransportprozess ist eine für makroskopische, menschliche Verhältnisse sehr schnelle Reaktion (Alder and Theg, 2003). Das Transportsubstrat (das Vorläuferprotein) wird sich nicht bevorzugt an Reaktionsteilschritten (Transportintermediatkomplexen) aufhalten, sondern ist vornehmlich entweder als Ausgangs- oder Endprodukt zu sehen. Die Zwischenschritte, welche der eigentliche Forschungsgegenstand sind, tauchen unter anderem aufgrund der Schnelligkeit nur an der Schwelle der Wahrnehmbarkeit auf und lassen sich schwer untersuchen. So gilt es, an den einzelnen Teilreaktionen anzusetzen, um den Proteintransportprozess insgesamt zu verlangsamen.

In dem Zusammenhang der Darstellung von Transportintermediaten ist ein weiterer kritischer Punkt zu betonen: Der dem Proteintransport folgende Schritt, die nichtdenaturierenden Auflösung und anschließende Auftrennung der enthaltenen Proteinkomplexe der geschlossenen Membransysteme des Chloroplasten. Erhält diese Auflösung und -trennung die zuvor in der Importreaktion durch Verlangsamung erzeugten Proteintransportintermediate nicht, ist die Fehlerdiskussion über dieses (falsch) negative Ergebnis kompliziert. Um die potentiellen Fehlerquellen beginnend bei der Solubilisierung bis hin zur Gelelektrophorese ausschließen zu können, werden daher kombinierte Ansätze benötigt. Nur so kann letztlich eine Aussage über das (Nicht-)Auftreten von Transportintermediatsignalen getroffen werden.

4.3 Evaluierung der Parameter zur Analyse von in organello Importexperimenten mittels Nativgelelektrophorese

Die **Abb. 19** zeigt das Ergebnis eines solchen kombinierten Ansatzes. Verglichen werden hier die beiden Geltypen BN- und hrCN-PAGE, um herauszufinden, ob das Fehlen der Transportintermediatsignale in der BN-PAGE am Coomassie oder einer unzulänglichen Arretierung des Proteintransports liegt. Dazu wird zum einen das für den Proteintransport stark benötigte ATP (Jarvis and Soll, 2002) sowohl im Chloroplasten, als auch in dem den Chloroplasten umgebenden Medium (außerhalb) entfernt. Um die Substratproteine in einem transportkompetenten Zustand ohne energetische Faltungsfallen, die einen spätere Funktion ausschließen würden zu halten, sind viele Chaperone an dem Transportprozess beteiligt (Jackson-Constan et al., 2001) (2.2.2, 2.2.5). Ihre ATP-Abhängigkeit führt bei ATP-Depletion zu einer limitierenden Prozessgröße, was die Darstellung von Transportintermediaten fördert (Abb. 19, hrCN, -ATP-Spur) und gleichzeitig die Menge an reifem (schon transportiertem Protein) verringert (◄,♦).

Ein alternativer Ansatz zur Retardierung des Proteintransportes besteht darin, die

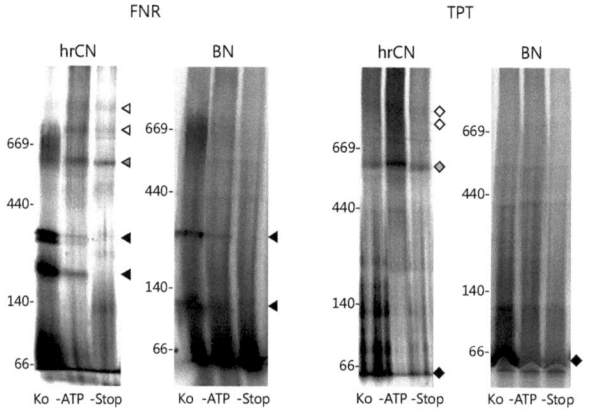

Abb. 19 Vergleich verschiedener Arretierungs- bzw. Retardierungsmethoden des Proteinimportes sowie der Darstellung der daraus folgenden Proteintransportintermediate mit hrCN- und BN-PAGE. Von TPT- und FNR-DNA-Konstrukten wurde durch Entfernen des 3'-Stopcodons (-Stop) mittels Restriktionsendonuklease in der Translation nicht (oder schwer) lösbare Vorläuferprotein-Ribosom-mRNA-Komplexe erzeugt. Diese Translation, als auch die der Standardsubstrate FNR und TPT wurden in Standardimporten (Ko) eingesetzt, wobei bei den -ATP Importen die Chloroplasten 15 min vor Import mit 5 µM CCCP und 5 µM Nigericin, sowie die dazugehörigen Aliquots der Translationen 5 min bei 30°C mit 0,1 U/µl Apyrase vorinkubiert wurden (5.3.4). Die mengenmäßig jeweils 2x Importe wurden nach Import, Waschung, Solubilisierung und Abnahme der Überstände der 40.000 x g Zentrifugation aufgeteilt, zur einen Hälfte für die hrCN-PAGE (+ Ponceau S) zur anderen für die BN-PAGE (+ CBB-G250) vorbereitet und mit dem jeweiligen Gelsystemen (5.3.9, 5.3.10, 5.3.11) elektrophoretisch aufgetrennt. Die radiosensitive Detektion der nach Lauf getrockneten Gele ist abgebildet. Größenstandards markieren links, rechts markieren schwarze Pfeile (◄) endogene FNR-Proteinkomplexe der Photosynthese, schwarze Raute (♦) indizieren TPT Dimere (oder TPT-Proteinkomplexe geringer Molekulargröße), graue Dreiecke (◄) und graue Rauten (◊) zeigen prominente Transportintermediate mittlerer Größe, weiß gefüllte Dreiecke (◁) und Rauten (◇) zeigen putative Transportintermediate mit hohem Molekulargewicht.

Stopp-Codons in den DNA-Konstrukten und damit auch in der RNA wegzulassen, was zu einer abnormalen Translationsreaktion führt (Wang et al., 2005). Ohne Stopp-Codon können die Terminationsfaktoren der Translation nicht in den Ribosomen binden, um die Translationsreaktion zu beenden und die mRNA vom Ribosom und der entstandenen Polypeptidkette zu trennen (Klaholz, 2011). So verbleiben die Ribosomen C-terminal an das Protein gebunden. Während Teile des Transportapparates den N-Terminus des Proteinsubstrates binden und beginnen, das Protein weiterzureichen, verhindert das gebundene Ribosom einen vollständigen Transport. Da diese Proteine nur stark verzögert und mit zusätzlichem Energieaufwand abgelöst und damit transportiert werden können, entstehen auch hier gegenüber der Kontrolle mehr Transportintermediate (Abb. 19, FNR -Stop, hrCN, ◄). Die Redundanz der Arretierungsmethoden erlaubt darüber hinaus die gewünschte Aussage über die Validität der als Transportintermediat zu interpretierenden Banden. In Kombination mit der Auftrennung mittels hrCN- und BN-PAGE kann festgehalten werden, dass die mit den Arretierungsmethoden in der hrCN-PAGE auftretenden Banden mit hoher Wahrscheinlichkeit Transportintermediaten entsprechen. Die BN-PAGE zerstört diese transienten Interaktion und schafft es nur, die Proteinkomplexe der reifen Proteine darzustellen (s.a. Diskussion, Kapitel 5.1.3).

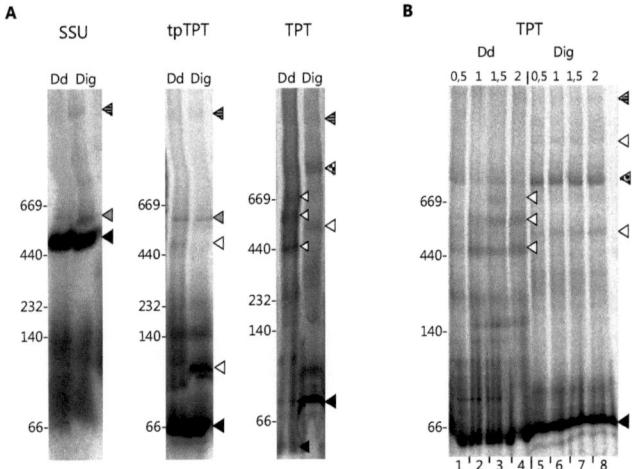

Abb. 20 Einfluss der Detergentien auf die Darstellung von Transportintermediaten. HDN-PAGE (**A**) und hrCN-PAGE (**B**) von Standardimporten mit Vorläuferproteinen (SSU, tpTPT, TPT) unter ATP-Depletion. Anschließendes Lösen der „post-Import" Chloroplasten (**A**) in Solubilisierungspuffer mit 1% Dodecylmaltosid (Dd) oder 1,5% Digitonin (Dig) oder (**B**) in versch. Konzentrationen (0,5% - 2%) von Dodecylmaltosid und Digitonin. Schwarze Dreiecke (◄) markieren gereifte Proteine, graue Dreiecke (◄) zeigen auf Transportintermediate mit Molekulargewicht von ca. 700 kDa, weiße Dreiecke (◁) indizieren Transportintermediatkomplexe, die eine Abhängigkeit vom Detergenz zeigen, mit Linien gefüllte Dreiecke (◄) zeigen auf Transportintermediat mit größtem Molekulargewicht, mit Punkten gefüllte Dreiecke (◄) markieren Transportintermediat von ca. 750 kDa molekularer Größe.

4.3 Evaluierung der Parameter zur Analyse von in organello Importexperimenten mittels Nativgelelektrophorese

Ein weiterer Parameter, der die Darstellung von Transportintermediaten beeinflusst, ist die Wahl des Detergenz bei der Solubilisierung der Importchloroplasten. So fallen ionische Detergentien, wie z.b. Natriumlaurylsulfat (SDS), N-Lauroylsarcosin (LSA) oder Desoxycholat (DOC) aus der Wahl, da sie in der Solubilisierungskonzentration (1% - 2%) einen zu hohen denaturierenden Effekt hätten. So kommen nichtionische Standarddetergentien, wie z.b. Dodecylmaltosid und Digitonin zum Einsatz. In **Abb. 20** wird der Unterschied zwischen diesen beiden Detergentien deutlich. Die Importe von SSU und tpTPT zeigen wenige, aber deutliche Unterschiede (◄). Der Import des Membranproteins TPT zeigt dagegen zahlreiche distinkte Unterschiede (◄,◄), hier haben beide Detergenzien unterschiedlichen Einfluss auf die Darstellung von Transportintermediaten. Die nähere Analyse dieses Phänomens in **Abb. 20B** unterstützt die Vermutung, dass Dodecylmaltosid eher dazu tendiert, voll assemblierte Transportkomplexe in Teilen zu dissoziieren. So ähnelt sich das Muster der mit 0.5% DDM solubilisierten Chloroplasten der gesamten Digitoninkonzentrationsreihe, welche keine Abhängigkeit der Intermediatdarstellung von der Detergenzkonzentration aufzeigt. So kann davon ausgegangen werden, dass die Solubilisierung mit Digitonin einen höheren Grad an Nativität erreicht. Daher wurde in allen nativen Gelelektrophoresen standardmäßig Digitonin zum Solubilisieren der Chloroplasten und davon präparierten Membranen benutzt. Eine ausführlichere Diskussion des Einflusses des Detergenz auf den Grad der Nativität findet sich im Kapitel 4.1.2.

Zusammenfassung Mit der detaillierten Betrachtung der Teilschritte der *in organello* Importreaktion mit anschließender Nativgelanalyse gelingt die Feinjustierung dieser umfangreichen Methode. Eine hohe Anzahl von potentiellen Fehlerquellen kann ausgeschlossen werden. Jetzt erst können die Transportvorgänge unter verschiedenen Abhängigkeiten untersucht werden, was der nun erreichte Grad der Reproduzierbarkeit und Aussagekraft der zentralen Methoden ermöglicht. So wird in Verbindung mit der evaluierten Nativgeltechnik ein erster, tiefer Blick in die Dynamik des Proteintransportes am Chloroplasten ohne Hilfsmittel wie z.B. *Crosslinking* möglich.

4 Ergebnisse

4.4 Charakterisierung der Transportintermediate

Nachdem nun die zentralen Methoden dieser Arbeit bestimmt und ihre Leistungsfähigkeit und Aussagekraft evaluiert sind, werden nun beschriebene und bekannte Eigenschaften des chloroplastidären Hüllmembrantransportweges verwendet, um sie mit dem *in organello* & Nativgelanalysesystem zu untersuchen. Aufgrund der Unterschiede im experimentellen Aufbau wird diese Verifizierung darüber hinaus andere und mehr Ergebnisse liefern können, die es einzuordnen gilt.

4.4.1 Native Darstellung der Importe verschiedener plastidärer Proteine

Eine der naheliegenden Untersuchungen ist die Gegenüberstellung des Proteinimportes mittels klassischer denaturierender SDS-PAGE mit nativer Gelelektrophorese. Mit diesem Experiment kann u.a. gezeigt werden, dass die bei der Nativgelanalyse auftretenden Banden Komplexe des Proteintransports entsprechen können, da das Muster eines solchen Transports in der SDS-PAGE bekannt ist (siehe Abb. 5). Des Weiteren durch Einbeziehung von nichtplastidären Proteinen und durch Erhöhung der Stichprobenanzahl (verschiedene plastidäre Proteine) die Güte der Einschätzung eines Bandensignals als Transportintermediat erhöhen.

Die Abb. 21 zeigt das Ergebnis eines solchen vergleichenden Ansatzes. Die nichtplastidären Kontrollproteine LUC, IRT3 und TIM22-2 zeigen keins der Importreaktion vergleichbares Bandenmuster in der SDS-PAGE. Auch im Nativgel zeigen IRT3 und Tim22-2 keine höhermolekularen Signale, liegen also unkomplexiert vor. LUC dagegen zeigt ein Signal bei ca. 700 kDa (◄), was vermutlich aufgrund der schon beschrieben Eigenschaften von LUC kein Transportkomplex darstellen sollte. Dennoch entspricht die Bande doch sehr dem K700 von Plastidenproteinen. Da neben dem Signal bei 700 kDa keine weiteren Banden zu sehen sind und bei Proteaseinkubation die Signale aus der C- Spur verschwinden (SDS-PAGE darunter, C+), kann darüber spekuliert werden, dass dieses Protein z.T. über einen nichtkanonischen Transportweg in den Intermembranraum oder an die äußere Hüllmembran transportiert wird und dort mit einem 700 kDa Komplex interagiert. Detailliertere Aussagen benötigen weiterführende Untersuchungen.

ANTR2 stellt als plastidäres Protein (Roth et al., 2004) eine Ausnahme dar, da es nicht reift und in der Nativgelanalyse wenige Banden darstellt. Bisherige Lokalisationsstudien (Roth et al., 2004) zeigten ANTR2 als Protein der inneren Hüllmembran. Wahrscheinlich sind diese Studien ungenau und das Protein befindet sich in der äußeren Membran (was die

4.4 Charakterisierung der Transportintermediate

Proteasesensibilität erklären würde). Wie schon beschrieben ist es eine allgemeine Eigenschaft von Proteinen der äußeren Hüllmembran, dass ihre Transitpeptide nicht reifen. Denn dazu müssten diese und damit auch Teile des reifen Proteins über die innere Hüllmembran transportiert werden, um dort mit der stromalen Prozessierungspeptidase (SPP) interagieren zu können. (Eine Ausnahme davon bildet Toc75, dessen Transitpeptid durch eine

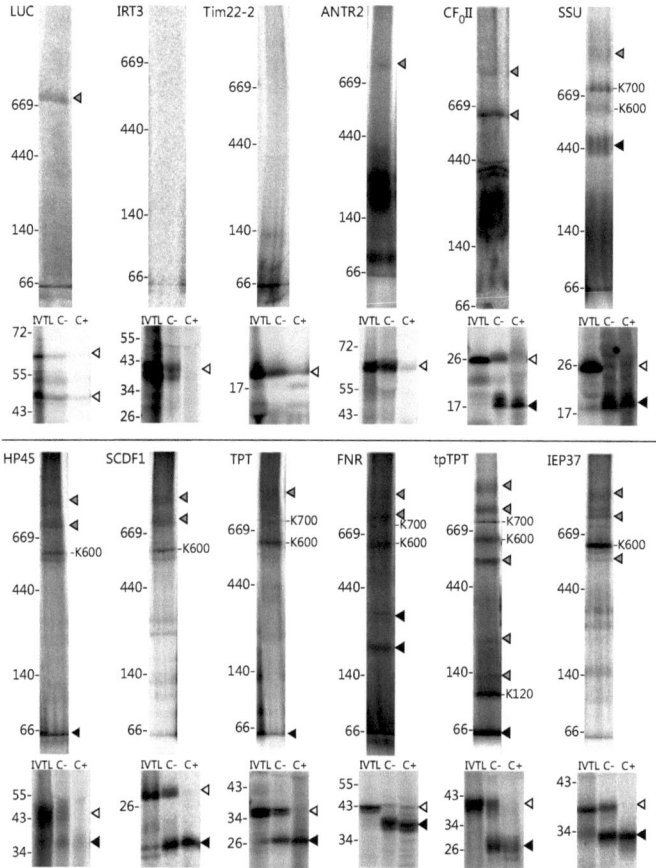

Abb. 21 Gegenüberstellung nativer und denaturierender Gelelektrophorese verschiedener Vorläuferproteine. SDS- und hrCN-PAGE von Proteinimporten unter ATP-Depletion (5.3.4) aus jeweils einer Importreaktion. Proben wurden nach Waschung aufgeteilt und entweder in denaturierenden Schägger Probenpuffer (5.3.3) oder nativem Solubilisierungspuffer (5.3.3) gelöst und mit dem jeweiligen Gelsystem aufgetrennt. Proben für hrCN-PAGE ohne, Proben für SDS-PAGE zusätzlich mit Proteasebehandlung. Angebotene Substrate LUC, IRT3 und Tim22-2 repräsentieren nichtplastidäre Kontrollproteine, ANTR2 besitzt Nichtstandardtransitpeptid, dies und verbleibende Substrate sind endogene Chloroplastenproteine (http://ppdb.tc.cornell.edu/). Molekulare Größenstandards (nativ bzw. denaturiert) sind links am Gelbild indiziert. Schwarze Dreiecke (◄) markieren reife Proteine, weiße Dreiecke (◁) zeigen auf Vorläuferproteine und grau gefüllte Dreiecke (◁) zeigen putative Proteintransportintermediate. Transportkomplexkennung erfolgt

zur Thylakoidprozessierungspeptidase homologen Peptidase gespalten wird (Inoue et al., 2005).) Eventuell besteht auch die Möglichkeit, dass die DNA-Sequenz des cDNA-Klones nicht korrekt ist und es so zu diesem ungewöhnlichem Transportverhalten kommt. Dagegen spricht, dass das Molekulargewicht von ANTR2 durch Berechnung der Laufstrecke in der SDS-PAGE ermittelt (62 kDa) mit dem aus der Sequenz ableitbaren (59,7 kDa) weitgehend übereinstimmt.

Alle anderen Proteine zeigen einen eindeutigen Proteinimport im SDS-Gel (vgl. Abb. 5). Da die Proben für die SDS-PAGE-Analyse dieselben sind, wie die der hrCN-PAGE Analyse, entsprechen die sichtbaren Banden im Nativgel Proteinkomplexe, die während oder nach der Importreaktion auftreten. Besonderes Augenmerk gilt dabei den Banden, die Proteinkomplexe während des Importes, oder anders während der Transportreaktion darstellen. Ihre Natur ist ein zentraler Forschungsgegenstand dieser Arbeit. Unter den Proteinen, die eine eindeutige Importreaktion zeigen fällt auf, dass sie native Signale in vergleichbaren Größenbereichen zeigen. Auch die Bandenmorphologie ist teilweise so ähnlich, dass davon ausgegangen werden kann, dass es sich um dieselben Komplexe, nur mit anderem Transportsubstrat handelt. Für solche Komplexe wird ab dieser Stelle eine Kennung eingeführt (z.B.: K700), um sie in späteren Experimenten wiederfinden zu können. Die Kennung basiert auf den ungefähren molekularen Größen der Komplexe und ist auch unter Einbezug noch folgender Experimente validiert. Unter allen Importsubstraten verhält sich das tpTPT-Fusionsprotein am auffälligsten, welches sehr viele Banden zeigt. Woher diese Besonderheit stammt wird im nächsten Abschnitt näher erörtert.

Zusätzlich zu den Importen von nativen plastidären Proteinen kann der Import von Untereinheiten des Transportapparates die Einordnung der auftretenden Banden als Transportintermediate unterstützen (**Abb. 22**). Da hier die Transportsubstrate gleichzeitig auch Teile des Transportapparates sind, können die auftretenden Banden höchstwahrscheinlich Proteinkomplexe der Transportmaschinerie sein. Ob es sich entweder um ein Transportintermediat des Substrates handelt oder es ein funktionsfähigen Transport(teil)komplex darstellt, welcher das Substrat schon als ein Teil von sich selbst eingebaut hat, kann dagegen nicht unterschieden werden. Jedoch spielt diese Trennung für die Belastbarkeit der Aussage eine eher untergeordnete Rolle. Sie kommt erst zum Tragen, wenn Transportintermediate direkt angesprochen werden können, z.B. nach deren Präparation im biochemischen Maßstab. Zu beachten ist daneben der Umstand, dass die Substrate Transportkomplexuntereinheiten des Chloroplasten von *A. thaliana* sind, während in Spinatchlorplasten importiert wird. Die hier auftretenden strukturellen Unterschiede können z.T. kompensiert werden, bzw. wirken

4.4 Charakterisierung der Transportintermediate

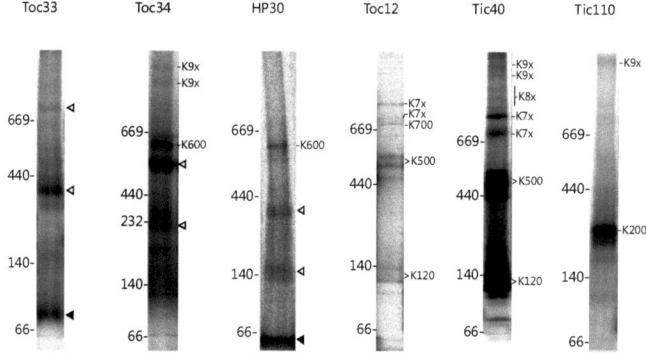

Abb. 22 Vergleich Importe von Toc/Tic Untereinheiten mittels Nativgelelektrophorese. hrCN-PAGEs von Standardproteinimporten. Substrate sind gleichzeitig Untereinheiten des Proteinimportapparates an/in der äußeren und inneren Hüllmembran des Chloroplasten (Toc/Tic Komplex), HP30 wurde als putative Untereinheit (Ref) mit eingeschlossen. Die proteinkodierenden Sequenzen der Genkonstruktionen stammen aus *A. thaliana* (Ref.). Schwarze Dreiecke (◄) markieren mögliches nichtassembliertes, freies Proteinmonomer; Transportkomplexkennung erfolgt rechts am Gelbild, weiße Dreiecke (◁) zeigen auf nichtzuordnenbare Komplexe. Größenstandard ist links indiziert.

sich nicht störend aus, je ähnlicher sich die Proteine aus den beiden Spezies sind. Gut zu sehen ist dies z.b. an dem unterschiedlichen Grad der Komplexbildung der atToc33/34 Homologe (Abb. 22). Da atToc34 dem Spinat-Toc34 wahrscheinlich sequenzähnlicher ist, als atToc33, wird es mehr verbaut. Dies ist an weniger freien Proteinen an der Lauffront zu erkennen. Da in Spinatblättern zwei Toc34-Homologe existieren (Voigt et al., 2005), ist anzunehmen, dass atToc33 zu beiden geringere Ähnlichkeit besitzt. Des Weiteren wird atToc34 auch in größere Komplexe eingebaut, was mit einer höheren Stabilität des Komplexes aufgrund der größeren Ähnlichkeit erklärt werden kann.

Im Sinne der allgemeinen Vorstellung, dass der Transportkomplex am Chloroplasten in Toc- und Tic-Komplex zu unterscheiden ist und dynamisch, flexible Züge trägt (Scott and Theg, 1996) weisen die Bandenmuster der Proteinimporte von Untereinheiten des Transportapparates bestimmte Ähnlichkeiten auf, die sich in drei Klassen unterteilen lassen. Zum einen machen Toc34 und HP30 als ein Subkomplex (höchstwahrscheinlich an/in der äußeren Hüllmembran lokalisiert) der Gesamttranslokase eine Klasse auf. Toc12 und Tic40 zeigen ein weitgehend übereinstimmendes Bandenmuster, sie assemblieren vermutlich auch zusammen in einem Teilkomplex im Intermembranraum und oder an der äußeren Hüllmembran. Tic110 präsentiert sich anders als die schon beschriebenen Untereinheiten besonders in einem abundanten Proteinkomplex von mittlerem bis niedrigem Molekulargewicht von ca. 200 kDa. Darüber hinaus finden sich zwischen den einzelnen Klassen gemeinsame Proteinbanden (z.B. K9x), die entweder beim Transport der Untereinheit ein Transportzwischenschritt ohne diese

4 Ergebnisse

Untereinheit darstellt, denkbar sind auch Teilkomplexe, welche zwischen den Hauptteilkomplexen (Toc, Tic) die Übergabe, oder besser eine „Wandlerschnittstelle" formen. Dieser Charakter wird in Abschnitt 3.4 näher definiert. Zur besseren Veranschaulichung wird auch auf das Schema (Abb. 47) verwiesen. Interessant wäre in diesem Zusammenhang auch das Bandenmuster von Importreaktionen weiterer schon bekannter TocTic-Untereinheiten, wie z.B. Toc75, Toc159 und Tic20.

Eingehende Betrachtungen der Bandenmuster lassen deutliche Unterschiede zu den „normalen" Transportsubstraten erkennen. Bei Toc12 und Tic40 ist die Zahl der Intermediate deutlich höher, auffällig sind hier die Komplexe jenseits von 700 kDa (K7x), die K500 und die K120 Komplexe. Der K500 ist beim Import „normaler" Plastidenproteine soweit nicht wiederzufinden (Abb. 21). Auch die prominente Tic110-Bande lässt sich nicht einem Transportintermediat zuordnen. Die **Abb. 23** zeigt ein Experiment, welches mehr Informationen über die Natur dieser Bande liefert. Dagegen lassen sich die Signale von Toc34 mit höchstem Molekulargewicht (K9x) und auch der K600 mehr oder weniger den Transportintermediatbanden von „normalen" Transportsubstraten zuordnen (vgl. Abb. 17, Abb. 20 und besonders Abb. 27).

Die hohe Anzahl von Signalen beim Import von tpTPT_EGFP legt eine eingehendere Untersuchung dieses Proteinkonstruktes nahe. Im Unterschied zum authentischen TPT, welcher die N-terminale Präsequenz zur Verfügung stellt, ist tpTPT ein künstliches, lösliches Fusionsprotein. Jedoch kann die hohe Anzahl von Transportintermediaten nicht allein der Löslichkeit zugeschrieben werden, da FNR und SSU (z.B. **Abb. 21**) deutlich weniger Signale zeigen. Die Ableitung eines löslichen Proteins von einem polytopen Membranprotein ist auch im Hinblick auf mögliche unterschiedliche (oder sich aufspaltende) Transportwege, z.B. abhängig von primären Eigenschaften, wie der Hydrophobizität eines Proteins, interessant. Einen Hinweis darauf geben die Ergebnisse, welche in **Abb. 23** dargestellt sind.

Der Ansatz der Deletion von TPT-Bereichen und Fusion mit löslichem EGFP wurde verfeinert, d.h. es wurden mehrere Zwischenstufen der Hydrophobizität benutzt. Diese wurden u.a. im Rahmen einer Diplomarbeit erstellt (Janssen, 2005). Dabei wurde wie in **Abb. 23B** zu erkennen ist, die Primärsequenz nach der SPP-Spaltstelle wie in tpTPT modifiziert, sodass nach Abspaltung des Transitpeptides entweder N-terminal oder auch C-terminal deletierte TPT-Konstrukte entstehen. Dabei wurde TPT derart verkürzt, dass das jeweilige Konstrukt sich über den Sequenzbereich der ausgewiesenen α-TMH erstreckt. Alle diese Proteinkonstruktionen können importiert werden, wie **Abb. 23C** zeigt. Im Vergleich zu tpTPT geben die anderen Proteinkonstrukte ähnlich viele distinkte Signale wieder, diese

4.4 Charakterisierung der Transportintermediate

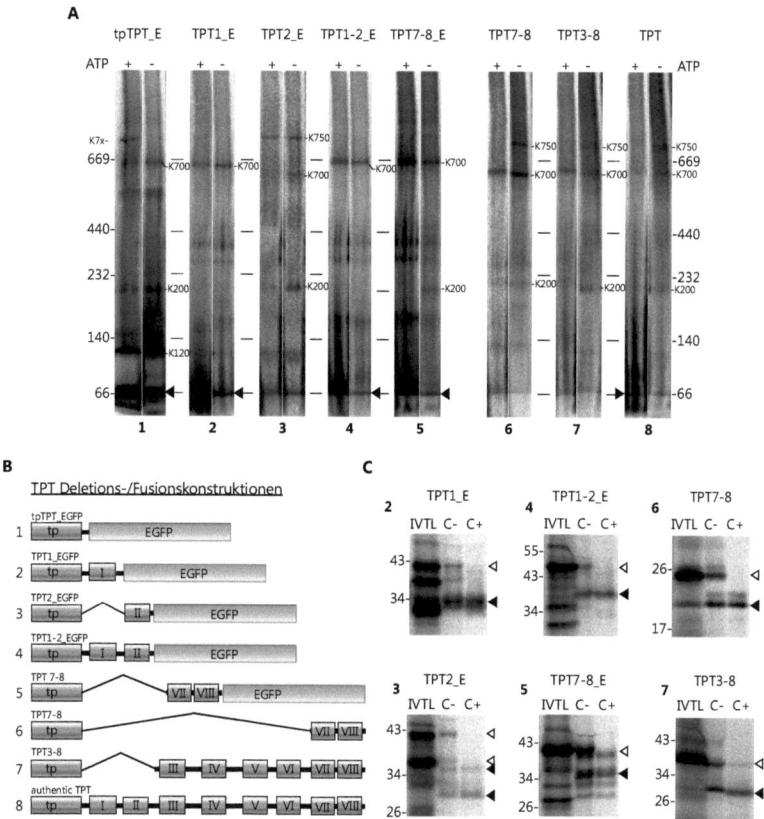

Abb. 23 Vergleich div. Deletions- und Fusionskonstruktion von TPT auf Darstellung von Transportintermediaten (A) hrCN-PAGE von Proteinimporten unter Standardbedingungen (+ATP) sowie ATP Depletion (-ATP). (B) Abgeleitet vom authentischen TPT (8) wurde in vorhergehenden Arbeiten durch Klonierung definierter Fragmente über abgeleitete Primer Deletionen erzeugt (Janssen, 2005). Die Fusionen entstanden dabei ebenfalls durch Klonierung definierter Fragmente über abgeleitete Primer in einen Zielvektor, der bereits eine 3'-EGFP-Fusion im offenen Leserahmen der Fragmenteintrittsstelle enthielt. Die Deletionen orientierten sich an den vorhergesagten Transmembranspannen von TPT (Weber et al., 2005), welche mit römischen Ziffern gekennzeichnet sind. Das Transitpeptid wird als „tp" bezeichnet, Zahlen nach der Angabe über das abgeleitete Protein (TPT) beziehen sich auf den durch die Transmembranbereiche umspannenden Proteinbereich; „EGFP"gibt an, ob die jeweilige Proteinkonstruktion eine C-terminale EGFP-Fusion besitzt. Die jeweiligen Konstrukte werden zusätzlich mit Ziffern von 1 - 8 durchnummeriert. (C) SDS-PAGE der Importe noch nicht eingeführter Proteinkonstruktionen. IVTL entspricht einem Aliquot (1/10) der Translation, C- entspricht nach Import proteaseunbehandelte Chloroplasten, C+ steht für nach Import mit Protease behandelte Chloroplastensuspension. (A,C) Schwarze Dreiecke (◀) indizieren (freie) prozessierte Substratproteine; weiß gefüllte Dreiecke (◁) markieren Vorläuferproteine.

unterscheiden sich aber auch tlw. in ihrer Stärke. Je ähnlicher das jeweilige Konstrukt dem authentischen TPT wird, desto weniger stark sind die Signale bei Import unter ATP-Verarmung im Bereich der Lauffront (◀). Dies bedeutet, dass weniger Protein während der

Importreaktion transportiert wurde, also vermutlich die Hydrophobizität die Transportgeschwindigkeit beeinflusst. Auffällig ist das Auftreten der K200-Bande beim ATP-verarmten Import aller Proteine mit nichtauthentischem N-Terminus. Sie ist wenn auch ungleich schwächer bei TPT –ATP (**Abb. 23A**, 8) zu sehen. Ein Grund für die Präsenz dieser Bande könnte das veränderte Aminosäureseitenkettenmuster um die Schnittstelle sein, was im mutierten Fall zu einer verlangsamten Spaltung durch die SPP führt. Untersuchungen von Mutationen des Transitpeptides und zugehöriger Proteine zeigten, dass der Bereich von 10-15 Aminosäuren C-terminal vom Transitpeptid für die Spaltung kritisch ist (Clark and Lamppa, 1991). Die verlangsamte Spaltungsreaktion führt zu einem Stau von Transportsubstraten an den vorgeschalteten Transportzwischenschritten. Da ein Tic110-enthaltender Komplex wahrscheinlich das Substrat erst direkt vor der Transitpeptidspaltung prozessiert (Bruce, 2001; Schnell and Blobel, 1993) und diese Bande in der gleichen Höhe wie die prominente Bande des Tic110-Importes (**Abb. 22**) migriert, kann davon ausgegangen werden, dass hier ein Tic110-enthaltender Komplex abhängig von ATP-Konzentration und Gestaltung der SPP-Schnittstellenregion angezeigt wird. Welcher Komplex eventuell die Abspaltung des Transitpeptides mittels SPP-Interaktion bewerkstelligt wird in Abschnitt 3.3.7 untersucht.

Fast alle TPT-Derivate zeigen deutlich K700. Weniger deutlich ist dieser Komplex beim authentischen TPT und TPT2_EGFP sichtbar. Vermutlich hat dieser Komplex eher eine Affinität zu löslichen Proteinen, denn die Konstrukte mit den meisten Transmembranspannen (TPT3-8, TPT) zeigen weniger K700 (**Abb. 23A**, 7 & 8). Auch TPT2_EGFP zeigt wenig K700, was aber kaum an der Hydrophobizität als mehr an der Proteinstruktur an sich liegen dürfte. Die entsprechende SDS-PAGE von TPT2_EGFP (**Abb. 23C**, 3) deutet an, dass dieses Protein alternative Translationsstarts (oder –stopps) besitzt, die wahrscheinlich zu viele verkürzte Produkte generieren. Zusammen mit dem veränderten C-Terminus jenseits der SPP-Schnittstelle führt dies dann wahrscheinlich zu diesem „Ausreißer". Weiter interessant ist, dass die TPT-Konstrukte ohne EGFP-Fusion (**A** 6, 7 ,8) wahrscheinlich K750 zeigen. Vermutlich verringert die Löslichkeit eines Proteins die „Verweildauer" an diesem Komplex. Wieder stellt TPT2_EGFP eine Ausnahme dar. Auch tpTPT_EGFP zeigt einen Komplex in diesem Größenbereich, welcher aber umgekehrt zu den Proteinen 3, 6, 7, 8 auf ATP-Depletion reagiert. Hier verschwindet er bei Verringerung der ATP-Konzentration. Da die Bandenmorphologie ganz unterschiedlich zu den der anderen Proteinimporte ist, kann davon ausgegangen werden, dass es sich um einen anderen Komplex oder auch um ein Artefakt handelt.

4.4 Charakterisierung der Transportintermediate

4.4.2 Evaluierung des Einflusses unterschiedlicher Energiebereitstellung für den Transportprozess auf die Intermediatbildung

Eine Methode zur Retardierung des Proteintransports an/in der Chloroplastenhüllmembran setzt die Energieversorgung mit ATP sowohl von außen, als auch von innen herab. Während ATP außen durch eine Inkubation der Translationsreaktion mit Apyrase, einem ATP abbauenden Enzym herabsetzt, wird die lokale ATP-Konzentration im Chloroplasten (hauptsächlich im Stroma) durch Zerstörung des zur ATP-Generierung benötigten Protonengradienten (ΔpH) an der Thylakoidmembran herabgesetzt. Für weiterführende Informationen zu den Wirkungsweisen der dazu eingesetzten Ionophoren Nigericin und CCCP siehe (Gaskova et al., 1999; Graven et al., 1966). Die Ionophoren wurden in Kombination eingesetzt, da sich dies als wirksamer Ansatz zur inneren ATP-Depletion bestätigt hat.

Eine unterschiedliche Intensität von Transportintermediatbanden bei Retardierung des Transportprozesses kann verschiedene Gründe haben. Zum einen können Transportsubstrate länger als normal an einem Transportteilkomplex gebunden sein, unabhängig von einer enzymatischen Prozessierung, weil sie nicht weitergereicht werden können. Dieser Fall tritt ein, wenn ein nachgeschalteter Prozess ebenfalls retardiert ist und so für einen „Stau" in der Prozesskette sorgt (Tissier et al., 2002). Dies ist z.B. beim veränderten Transitpeptid der TPT-Derivate der Fall. Zum anderen kann eine enzymatische Reaktion direkt verlangsamt sein, in diesem Fall wird dieser Zwischenschritt (oder besser das Ausgangsprodukt dieser enzymatischen Reaktion) angereichert, nachfolgende Reaktionsintermediate werden in ihrer Anzahl, also Signalintensität eher abnehmen, da sie „unter Bedarf" mit Substraten beliefert werden (Teusink and Westerhoff, 2000). Etwas komplizierter gestaltet sich der Fall, wenn ein Faktor (z.B. ATP) mehrere Teilschritte direkt beeinflusst. Der Proteintransport hier am Beispiel des Chloroplasten über zwei Membranen ist ein sehr energieintensiver Prozess, bei dem u.a. zahlreiche verschiedene molekulare Chaperone tätig werden, die alle ATP-abhängig arbeiten. So wird bei ATP-Depletion wahrscheinlich nicht nur ein Transportkomplex, sondern mehrere und diese abhängig von ihrem eigenen ATP-Verbrauch (~Affinität) und ihrer Reaktionsgeschwindigkeit unterschiedlich retardiert. Es ist daher schwierig, veränderte Signalintensitäten bei ATP-verminderter Retardierung einzelnen Komplexen zuzuordnen. Für weiterführende Diskussion siehe Abschnitt 4.1.7

In Abb. 24 wird die bisher kombinierte ATP-Depletion aufgetrennt und der Effekt auf den Proteintransport untersucht. Verschiedene Vorläuferproteine werden als Substrat eingesetzt. Dabei ist zu erkennen, dass der Einsatz von Apyrase bei SSU und tpTPT einen minimalen bei den anderen Importen keinen Einfluss auf die Ausbildung von Transport-

4 Ergebnisse

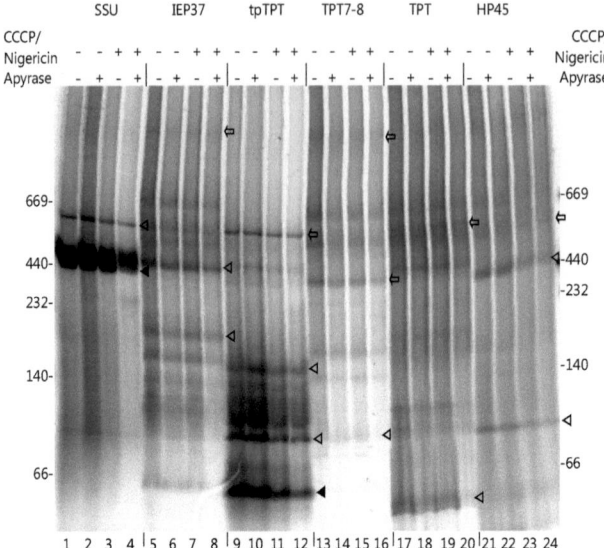

Abb. 24 Unterschiede der äußeren (Apyrase) und inneren (Ionophor) ATP-Depletion. HDN-PAGE von Standardimporten mit verschiedenen Varianten der ATP-Depletion. Zur Verringerung der ATP-Konzentration im Chloroplasten wurden diese mit 5 µM CCCP & 5 µM Nigericin 15 min vor Import inkubiert, zur Verringerung der ATP-Konzentration in dem Chloroplasten umgebenden Medium, während des Importes wurde die in vitro Translation 5 min vor Import bei 30°C mit 0,1 U/µl Apyrase (5.3.4) inkubiert. Ungefüllte Dreiecke (◁) zeigen auf Proteintransportintermediate, welche sichtbare Änderungen in der Intensität bzw. Quantität aufweisen, ungefüllte Pfeile (⇤) markieren Banden, welche keine/kaum sichtbare Veränderungen zeigen. Schwarze Dreiecke (◀) markieren reife Proteine.

intermediaten hat, wenn es allein eingesetzt wird. So sind bei SSU und tpTPT mehr reife oder fast reife Proteine zu sehen, als in der Kontrollspur (**Abb. 24**, Spur 2 & 10 ◀). Dieser Befund steht konträr zur aktuellen Meinung, dass für den Proteintransport am Chloroplasten auch ATP von außen benötigt wird. Eine schlüssige Erklärung dafür kann daher nicht gegeben werden. Die „innere" ATP-Depletion allein hat ebenfalls nur geringe Effekte, tpTPT z.B. zeigt weniger reife Proteine (Spur 11,◀). In Kombination ist die Wirkung effektiver, bei allen für die Importreaktion verwendeten Proteinen sind die Signalstärken der Proteinbanden geringer. Unter Berücksichtigung oben erwähnter Voraussetzungen lässt sich dennoch feststellen, dass die Signale von Transportintermediaten (⇤) mit höherem Molekulargewicht (außer bei SSU) wenige und eher von geringer Intensität sind, sowie kaum Änderung erfahren. Niedrigere Banden (<500 kDa) zeichnen sich deutlicher und zeigen auch eher Beeinflussung durch ATP-Depletion (◁), besonders beim kombinierten Ansatz.

Um die Ergebnisse aus **Abb. 24** besser interpretieren zu können, wird zusätzlich der Einfluss des nichthydrolysierbaren ATP-Analoga yS_ATP untersucht (**Abb. 26**). Dieses

4.4 Charakterisierung der Transportintermediate

besitzt am γ-Phosphat anstelle eines Sauerstoffs ein Schwefelatom (**Abb. 25**) und kann nur sehr viel langsamer hydrolysiert werden. Damit wird zum einen besser zwischen äußerer und innerer ATP-Bereitstellung unterschieden und auch nur direkt exponierte ATP-abhängige Transportkomplexe sichtbar gemacht, da yS_ATP das Enzym direkt in der Substratumsetzung

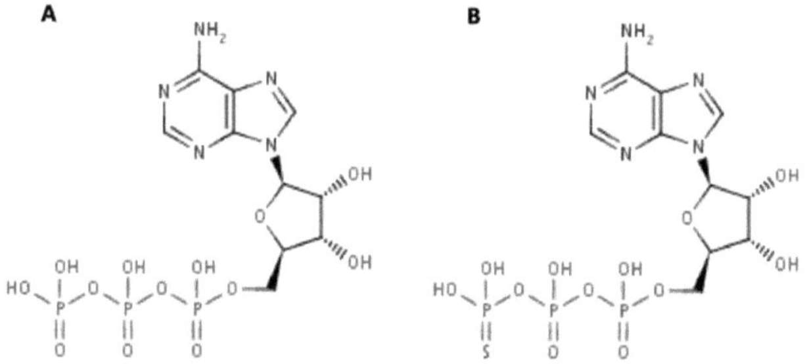

Abb. 25 Strukturformeln von ATP (A) und yS_ATP (B)

arretiert. Es zeigt sich, dass yS_ATP im besonderen Transportkomplexe (zwei bei SSU und TPT, drei bei tpTPT) von sehr hohem Molekulargewicht anspricht (K920, K9x). Dies zeigt sich in allen Importreaktionen, besonders deutlich bei tpTPT. Wahrscheinlich verbinden sich hier die Arretierungseffekte der verzögerten yS_ATP Hydrolyse und SPP-Schnittstellenreifung zu einer größeren Retardierung. TPT zeigt mehr und deutlicher Bandensignale als SSU bei yS_ATP-Inkubation. Wahrscheinlich verbraucht TPT aufgrund seiner Hydrophobizität mehr ATP pro Transport als SSU. Generell sollte der Import von SSU bioökonomisch betrachtet die Zelle am wenigsten ATP „kosten", da es eines der Hauptsubstrate der chloroplastidären Transportmaschinerie ist und diese daher sehr an „ihr" Hauptsubstrat angepasst sein sollte (Ellis, 1979; Lee et al., 2009). Der Import mit yS_ATP behindert den Transport und final auch die Reifung (Abspaltung des Transitpeptides) sehr stark, sodass wenig (tpTPT, SSU), bis kein (TPT) reifes Protein in der Nativgelexposition (Abb. 26, I) zu sehen ist. Das deckt sich fast mit den korrespondierenden SDS-PAGEs (Abb. 26, II), hier fehlt das reife Protein komplett. Dies lässt den Schluss zu, dass unter yS_ATP-Zugabe zum Import auch die Reifung stark verzögert wird und die in den Nativgelen soweit als reife Proteine bezeichneten sichtbaren Banden möglicherweise doch nicht komplett gereift sind (siehe auch Abb. 35).

Unabhängig davon „zeichnet" yS_ATP bei allen getesteten Proteinen die gleichen prominenten Signale. Die lassen auf Transportkomplexe schließen, welche zum einen sehr groß sind, zum anderen aufgrund der Zugabe „von außen" in frühen Schritten des Transportes aktiv sind, eine ATP-abhängige Funktion besitzen und in Multimeren bzw. funktionellen Isoformen auftreten. Denkbar ist an dieser Stelle ein TocTic-Superkomplex, welcher

4 Ergebnisse

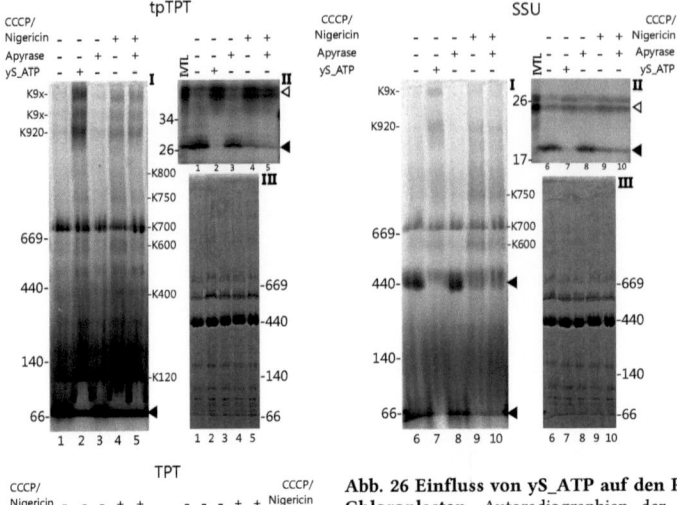

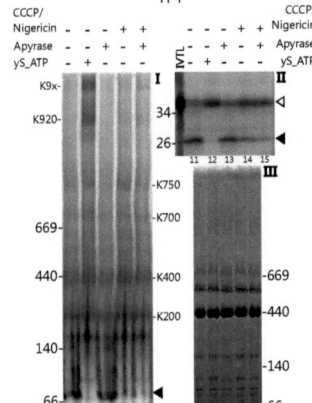

Abb. 26 Einfluss von yS_ATP auf den Proteintransport am Chloroplasten. Autoradiographien der hrCN-PAGE (I) und korrespondierender SDS-PAGE (II) bzw. Coomassie-Färbung der hrCN-PAGE (III) von Proteinimporten mit Variationen der Importenergiebereitstellung. Standardimporte von tpTPT, SSU und TPT, translatiert in Retikulozytenlysat, unter innerer Energiedepletion (5µM CCCP & 5µM Nigericin), äußerer ATP-Verringerung (Apyrase) oder Zugabe von 2 mM yS_ATP zur Importreaktion. Jeweilige Importreaktionen wurden 2fach angesetzt und auf die beiden Gelsysteme vereinzelt. II Weiß gefüllte Dreiecke (◁) markieren Vorläuferprotein, schwarze Dreiecke (◀) zeigen gereifte Proteine und in I assemblierte oder freie, reife Proteine. Transportkomplexkennung erfolgt in kleiner Schriftgröße für Komplexe bis 780 kDa rechts, darüber links vom Gelbild.

Untereinheiten beider Komplexe inklusive der Chaperone vom Intermembranraum und evtl. des Stroma vereint. Detailliertere Charakterisierungen und Interpretationen folgen im weiteren Text und in der Diskussion (4.2.5).

Der yS_ATP-Effekt wird in **Abb. 27** eingehender untersucht. So wird untersucht, wie yS_ATP wirkt, ob andere Nukleosidtriphosphate ähnliche Effekte zeigen und ob es Unterschiede zwischen Chloroplasten unterschiedlicher Artherkunft gibt. Interessant ist, dass die Darstellung der K920-Bande (und K9x) klarer bei Vorinkubation mit der Translationsreaktion auftritt, als wenn die Chloroplasten mit yS_ATP vorinkubiert werden (Abb. 27, A). Dabei wirkt es sehr rasch, bereits nach einer Minute tritt das Signal deutlich auf und nimmt danach kaum mehr in der Intensität zu. Zusammen mit der Tatsache, dass das ATP-Analogon nach

4.4 Charakterisierung der Transportintermediate

Abschluss der Translationsreaktion in Vorbereitung auf die Importreaktion zugegeben wird, kann geschlossen werden, dass es posttranslationelle Prozesse, wie z.B. das Wirken der molekularen Chaperone beeinflusst, welche wiederum direkten Einfluss auf den folgenden Transportprozess haben. Im Unterschied zu **Abb. 26** tritt hier nur eine K920-Bande deutlich hervor, was u.a. mit einer gewissen physiologischen Varianz des Spinats und oder einer weniger gelungenen Chloroplastenpräparation erklärt werden kann. Weitere Informationen über diesen Punkt werden in der Diskussion (4.1.1) dargeboten.

Es ist bekannt, dass auch andere Nukleosidtriphosphate, besonders in der frühen Phase am Toc-Komplex, auf den Proteintransport am Chloroplasten wirken. So besitzen z.B. Toc34 und Toc159 GTP-Bindedomänen, erhöhen bei GTP-Bindung ihre Affinität zu den Vorstufenproteinen und verändern (dabei) ihre Assemblierung im Toc-Komplex (Kessler and

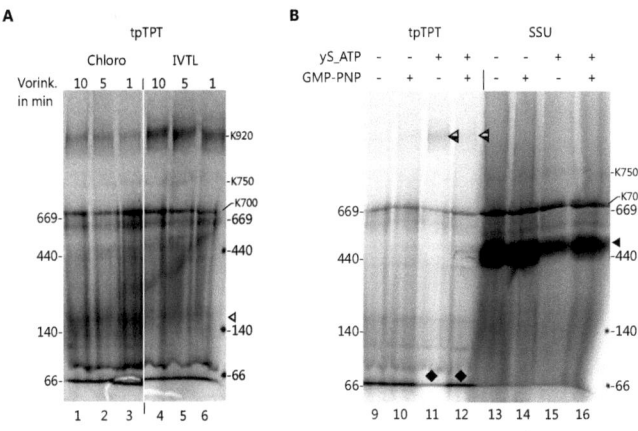

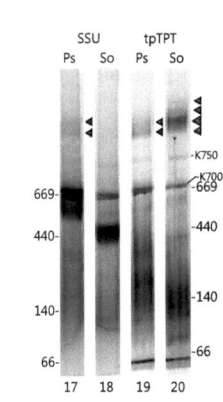

Abb. 27 Erweiterte Analyse der Effekte von yS_ATP Zugabe auf den Proteinimport am Chloroplasten. hrCN-PAGEs von Standardimportreaktion mit unterschiedlichem Vorinkubationsort von yS_ATP (**A**), mit vergleichender Zugabe von GMP-PNP (**B**) und Vergleich der Auswirkung (**C**) auf Erbsen- (Ps) und Spinatchloroplasten (So). (**A**) Vor der Importreaktion wurden entweder die Chloroplasten oder die Translationsreaktion für 1, 5 oder 10 min mit 2µM yS_ATP inkubiert. Transportkomplexkennung erfolgt rechts. (**B**) Vergleich der Wirkung von nicht hydrolysierbarem ATP-Analogon (yS_ATP) mit nicht hydrolysierbarem GTP-Analogon (GMP_PNP). Beide Substanzen wurden der Translationsreaktion auf 2µM in der Importreaktion zugegeben. Transportkomplexkennung erfolgt in kleiner Schriftgröße rechts, schwarzes Dreieck (◄) kennzeichnet reifes SSU assembliert in Rubiscoholokomplex, mit Linien gefülltes Dreieck (◁) zeigt auf K900, schwarze Raute (◆) stehen über reifem EGFP. (**C**) Mit Linien gefüllte Dreiecke (◁) zeigen auf K900er Transportkomplexe.

Schnell, 2004; Yeh et al., 2007). Das Experiment von Abb. 27B zeigt den Einfluss von einem nicht-hydrolysierbaren GTP-Analogon: β:γ-Imidoguanosin 5'-Triphosphat (GMP-PNP). Die GMP-PNP Applikation zeigt allein keinen Einfluss auf Bildung von Transportintermediaten. In den Spuren 11 und 14 treten im Vergleich zur Kontrolle keine zusätzlichen Banden auf. Dagegen hebt es den yS_ATP-Effekt teilweise auf, wie die Importe von tpTPT und SSU mit yS_ATP und GMP-PNP (Spur 12 & 16) deutlich zeigen. Zum einen verschwindet die yS_ATP-Bande (◄) bei gleichzeitiger Inkubation mit GMP-PNP (Spur 12) und das Signal von tpTPT nahe der Lauffront (♦) erreicht wieder Kontrollniveau. Des Weiteren erreicht auch die Signalintensität des Rubiscoholoenzyms (◄) fast wieder Kontrollniveau bei SSU-Import und yS_ATP und GMP-PNP (Spur 16). Vermutlich erhöht die irreversible GMP-PNP-Bindung an Toc34 oder Toc159 auf Dauer die Importeffizienz aufgrund der festeren Bindung zwischen Toc34 und dem Toc-Kernkomplex (Becker et al., 2004b). Dies gleicht dadurch zum Teil die Retardierung des Importes durch die yS_ATP-Bindung an einer anderen Transportkomplex-Untereinheit, (vermutlich einem Chaperon) aus. Zukünftige Untersuchungen mit z.B. zusätzlichen Variationen von Nukleosidphosphaten können helfen, diese Hypothese weiter auszuformulieren.

Der Einfluss von yS_ATP auf den Import ist nicht allein auf Organellen aus Spinat beschränkt, wie Abb. 27C zeigt. Auch Erbsenorganellen präsentieren die Transportintermediate von höchstem Molekulargewicht. Im Vergleich zum Import in Spinatchloroplasten zeigen diese etwas geringeres Molekulargewicht. Auch hier sind mehrere Banden dieses Typs zu erkennen. Der SSU-Import zeigt die „yS_ATP-Banden" nur beim Import in Erbsenchloroplasten, was wahrscheinlich an der Herkunft des SSU-Konstruktes (5.1.8) liegt, welches aus Spinat-cDNA gekont wurde. Dieser „heterologe" Import verbraucht vermutlich mehr ATP, da die Substratstrukturen etwas unpassender zur Transporterstruktur sind. Dies erhöht die „Anfälligkeit" für yS_ATP. Dagegen benötigt der „native" Import von Spinat-SSU in Spinatchloroplasten weniger ATP, wird also weniger durch das Analogon beeinflusst. Das Ergebnis der tpTPT-Importreaktion verhält sich anders, hier zeigt Spinat eine höhere yS_ATP-Bandenintensität, obwohl die Sequenz von TPT aus Spinat stammt. Dies widerspricht z.T. der Interpretation der Ergebnisse des SSU-Importes. Eine Erklärung dafür könnte wiederum die veränderte Aminosäuresequenz um die SPP-Spaltstelle sein, welche aus *Aequorea victoria* (GFP) stammt und vielleicht zur Erbsen-SPP besser passt als zur Spinat-SPP.

Zusammengefasst stellt die ATP-Depletion eine verlässliche Methode zur Retardierung des Proteintransports in der chloroplastidären Hüllmembran dar. Dabei ist die Kombination aus innerer und äußerer ATP-Depletion besonders effektiv. Der Import von

4.4 Charakterisierung der Transportintermediate

hydrophoben Substraten verbraucht wahrscheinlich mehr ATP, als der von löslichen Substraten. Durch Einsatz eines ATP-Analogon wird ein großes Transportintermediat (K920) deutlich sichtbar, welches stellenweise auch als Doppel- oder Trippelsignal auftritt (K9x). GTP-Analoga dagegen normalisieren den Retardierungseffekt von yS_ATP. Dieser tritt besonders bei Vorinkubation von yS_ATP mit der Translation vor der Importreaktion auf und ist wahrscheinlich unabhängig von der Artherkunft der Organellen.

4.4.3 Einfluss der Translationssysteme bzw. der Artenzugehörigkeit der Chloroplasten

Neben den Charakteristika der Transportsubstrate beeinflussen das verwendete Translationssystem und die Pflanzenart, aus welcher die Chloroplasten isoliert werden den Transportprozess entscheidend. Dabei spielt in dem ersten Fall z.B. die Kompatibilität der posttranslationell aktiven Komponenten im Lysat oder Extrakt eine Rolle. So besitzen zum einen die molekularen Faltungshelfer aufgrund der evolutionären Distanz zwischen Weizen und Kaninchen leicht unterschiedliche enzymatische Parameter (Biswas and Getz, 2004; Blagosklonny et al., 1996). Darüber hinaus sind weitere auf die Importkompetenz einwirkende Faktoren nicht in beiden Systemen gleich vertreten und führen so teilweise bei Weizenkeimextrakt auch abhängig vom Transportsubstrat zu inhibitorischen Effekten (Dessi et al., 2003; Schleiff et al., 2002). Weitere Faktoren beteiligen sich am gerichteten Transport der Vorläuferproteine (May and Soll, 2000). Nicht zuletzt beeinflussen auch posttranslationelle Modifikationen der Transitpeptide die Importkompetenz der Substratproteinem, wobei diese soweit untersucht nur im Weizenkeimextrakt vorkommen (Waegemann and Soll, 1996).

Die **Abb. 28** zeigt die auftretenden Unterschiede im Bandenmuster bei vergleichender Verwendung von Retikulozytenlysat oder Weizenkeimextrakt. Wenn zusätzlich die Energiebereitstellung vermindert wird, verstärken sich die Differenzen im Bandenmuster. Die verwendeten Proteinkonstrukte SSU, tpTPT und TPT7-8 werden annähernd in gleichen Produktmengen von beiden Systemen synthetisiert. SSU zeigt wenig Unterschied und damit kaum Abhängigkeit vom verwendeten Translationssystem (Abb. 28A). Bei yS_ATP-Zugabe wird weniger in Weizenkeim synthetisiertes Protein importiert und gereift (Rubiscoholokomplex), es sind bis auf K700 keine Transportintermediate sichtbar. Wenn SSU mit Retikulozytenlysat hergestellt wird, ist zusätzlich zu K700 auch K750 sichtbar. Ähnlich verhält sich tpTPT, was generell mehr Transportintermediate darstellt (K700, K750, K920), was wie schon erwähnt u.a. an der veränderten Region C-terminal der SPP-Spaltstelle liegt. Auch hier

4 Ergebnisse

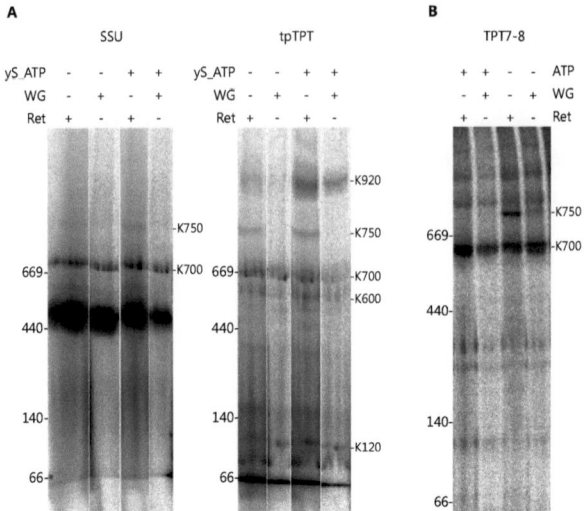

Abb. 28 Einfluss des Translationssystems auf die Darstellung von Transportintermediaten. hrCN-PAGE von Proteinimporten, wobei tlws. ATP durch yS_ATP ersetzt ist (**A**) oder ATP depletiert wurde (**B**). Die Translationsprodukte wurden entweder in Kaninchenretikulozyten (Ret, 5.3.2.2) oder Weizenkeimextrakt (WG, 5.3.2.3) produziert. Transportkomplexkennung erfolgt rechts am Gelbild, molekulare Größenmarker sind links indiziert.

werden bei Translation in Retikulozytenlysat mehr Transportintermediate und diese mit höherer Signalstärke angezeigt (z.B. K750, K920). Auffällig sind die Transportintermediate von hohem Molekulargewicht, wobei K920 bei yS_ATP-Zugabe auch bei dem Import von im Weizenkeimextrakt hergestelltem tpTPT erscheint. Das kleinere von beiden (K750) erscheint aber in keinem Import, welcher mit Proteinen aus Weizenkeimextrakt arbeitet. Dieses Phänomen tritt ebenso bei einem TPT7-8 Import auf, bei dem kein yS_ATP eingesetzt wurde, sondern die ATP-Konzentration verringert wurde (Abb. 28B). Aufgrund einer anderen Acrylamidkonzentration migrieren die Transportintermdiate leicht schneller. Hier tritt bei ATP-Depletion ein mit Abb. 28A vergleichbarer Effekt auf: mit Retikulozytenlysat translatiertes Protein zeigt ein stärkeres Bandensignal eines Transportintermediates (K750), als das mit Weizenkeimextrakt synthetisierte TPT7-8.

Warum zeigt in Weizenkeimextrakt translatiertes Protein weniger Transportintermediate in der Importreaktion? Der unterschiedliche Energiegehalt beider Systeme kann kein Grund sein, da dieser mit einer Apyrasebehandlung normalisiert sein sollte. Plausibel erscheint die Möglichkeit einer posttranslationellen Modifikation, z.B. einer Phosphorylierung von Aminosäuren im Transitpeptid, welche dann vermutlich transportkompetentere

4.4 Charakterisierung der Transportintermediate

Strukturen schafft. Eine ausführliche Diskussion der unterschiedlichen Effekte findet sich im Abschnitt 5.1.5.

Die Erklärung für ein unterschiedliches Bandenmuster aufgrund einer verschiedenen Chloroplastenherkunft ist etwas einfacher zu erklären. So besitzen zum einen die finalen Proteinkomplexe, in die sich die Transportsubstrate u.U. einbauen unterschiedliche Ausprägungen. Besonders gut ist dies an dem Rubiscokomplex (Abb.29A, Spur 1&2) sichtbar, welcher in Erbsenchloroplasten ungefähr 600 kDa groß ist, in Spinat dagegen nur ca. 450 kDa. Da aber besonderer Fokus auf die Transportintermediate gerichtet ist, interessieren diese eher weniger. Etwas mehr, falls sie wie im Fall Spur 1 Signale von Transportintermediaten (K700) überdecken.

Zum anderen können auch die Transportintermediatkomplexe von Erbsen- und Spinatchloroplasten von unterschiedlicher Größe sein, wie in Abb. 27C und Abb. 29B zu beobachten ist. Bei den Importen von IEP37 und tpTPT sind Unterschiede (◁) im Bandenmuster zwischen den Chloroplasten aus Erbse und Spinat sichtbar. Diese könnten aufgrund verschiedener Transportkomplexgrößen beider Arten entstehen. Des Weiteren können die artverschiedenen Proteine von dem jeweiligen Transportsystem nicht wie endogene, native Proteine prozessiert werden. Dies führt u.U. zu einem verzögerten Transport und damit zu

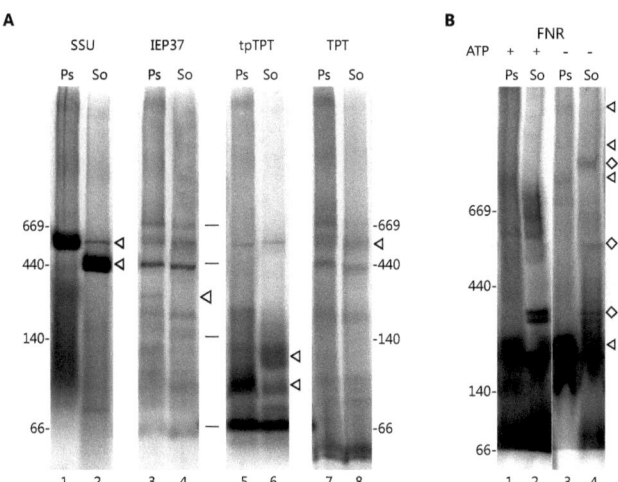

Abb. 29 Vergleich des Importes in Chloroplasten aus Erbse oder Spinat. HDN-PAGE (**A**) oder hrCN-PAGE (**B**) von Standardimporten (**A**) oder tlws. ATP-Depletion (**B**) in Chloroplasten aus Erbse (Ps) oder Spinat (So). Weiß gefüllte Dreiecke (◁) zeigen Unterschiede in der Darstellung von Transportkomplexen (**A**), bzw. zeigen weiße Dreiecke (◁) auf Komplexe, welche nur in Erbse (**B**, Spur 3) und weiß gefüllte Rauten (◊) auf Komplexe, welche nur in Spinat vorkommen.

einem anderen Bandenmuster der Transportintermediate.

Die Teilabbildung Abb. 29B gibt einen kombinierten Fall von verändertem Transportintermediatmuster und fehlendem Einbau in den finalen nativen Funktionskomplex wieder. FNR, dessen Sequenz aus Spinat stammt (5.1.8), zeigt ohne ATP-Depletion in Erbse kaum eindeutige, dafür in Spinat mehr distinkte Signale. Diese entsprechen im Fall des „homologen" Importes in Spinat höchstwahrscheinlich dem finalen FNR-Komplex, welcher in Erbsenchloroplasten vermutlich Probleme hat, Spinat-FNR zu integrieren. Wahrscheinlich reicht hier die Sequenz- und damit die Strukturähnlichkeit für eine korrekte Sortierung und/oder Assemblierung nicht aus. Bei ATP-Depletion ist bei beiden Chloroplastensystemen ein verändertes Intermediatmuster im höheren Molekulargewichtsbereich sichtbar (◁,◇). Der Grund dafür ist wahrscheinlich zuallererst die Retardierung des Proteintransports. Des Weiteren bildet FNR nach Import (und wahrscheinlich nach Einbau in dessen native Umgebung) verschiedene Proteinkomplexe aus, welche vermutlich aufgrund der fehlenden Verfügbarkeit von reifem Protein beim retardierten Import nicht zur Verfügung stehen. Dies trifft unabhängig von der Art der Chlorplasten zu. In Erbsenchloroplasten kommt es wie schon erwähnt aufgrund einer „weniger passenden" Proteinumgebung zu einer ungerichteten Assemblierung mit entsprechendem diffusen Migrationsverhalten im Nativgel. Genauere Aussagen benötigen aber eingehendere Untersuchungen.

4.4.4 Untersuchung des zeitlichen Verlaufs des Proteintransportes am Chloroplasten

Nachdem das auftretende Bandenmuster einer Importreaktion von Chloroplasten auf Variablen wie z.B. Energetisierung und Substratbeschaffenheit erforscht und verifiziert wurde, rückt nun eine nichtstoffliche Komponente in den Fokus: die Zeit. Die Analyse des zeitlichen Verlaufs gibt Aufschluss über die Reihenfolge der den Transport bewerkstelligenden Teilkomplexe. Auf Quantifizierungen der Signalintensitäten wurde verzichtet, da der Hintergrund in den jeweiligen Laufspuren stark variiert, was einen Hintergrundwertabgleich und damit die (grafische) Auswertung verfälscht hätte.

Die folgenden Abbildungen zeigen Standardimporte, welche nach verschiedenen Zeitpunkten gestoppt, d.h. durch Zentrifugation werden die Chloroplasten von der *in vitro* Translation getrennt. Anschließend werden die Chloroplasten kurz gewaschen, um Signalartefakte aus der Translation zu minimieren. So entsteht eine zeitliche Verzögerung, bevor die Transportreaktion an sich gestoppt wird (dies geschieht erst mit der Solubilisierung der

4.4 Charakterisierung der Transportintermediate

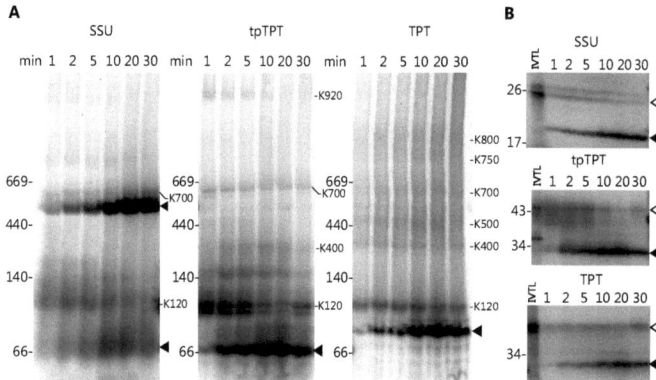

Abb. 30 Zeitliche Abhängigkeit des Proteinimportes unter Standardbedingungen. HDN-PAGE (**A**) und SDS-PAGE (**B**) von Standardimporten der Standardsubstrate SSU, tpTPT und TPT mit zeitlichem Verlauf von 1; 2; 5; 10; 20 und 30 Minuten. Einzelne Reaktionen wurden mengenmäßig zweifach angesetzt und nach Waschen der Chloroplasten in die jeweiligen Probenpuffer der beiden Gelsysteme vereinzelt. Schwarze Dreiecke (◄) indizieren reife Proteine, weiße Dreiecke (◁) markieren Vorläuferproteine. Transportkomplexkennung erfolgt rechts, Größenstandardindikation links vom Gelbild

Chloroplasten), in der die Reaktion weiterläuft, aber ohne von außen „neue Ausgangsprodukte" (Substrate) zu bekommen. In der Folge nehmen die Transportintermediate ab und die reifen, fertig transportierten Proteine zu. Da dieser methodische Schritt in allen Experimenten vorkommt, ist er zu vernachlässigen.

Der Import von SSU in **Abb. 30** zeigt, wie bereits bei SSU beobachtet, wenige Intermediatbanden bei einer Importreaktion von maximal 30 min Dauer. Auffällig ist hier ein spät zunehmendes freies (nicht in den Rubiscoholokomplex assembliertes) SSU bei ca. 70 kDa und das darüber liegende Signal (K120), welches bereits bei 2 und 5 min in höherer Intensität vorliegt und danach abnimmt. Das 70 kDa Signal zeigte eine dem Holokomplex vergleichbare Kinetik. Eventuell handelt es sich um freies, zur Verfügung stehendes, reifes SSU, was aktuell nicht assembliert wird/werden kann. Der K120-Komplex sollte vor der Reifung und Freisetzung von SSU geschaltet sein, da er ein früheres zeitliches Maximum (zwischen 5-10 min) besitzt. Der K700 zeigt kaum Intensitätsvarianz, evtl. Veränderungen werden durch den Rubiscokomplex überlagert. Dies lässt auf eine z.T. entkoppelte Funktion im Transportorchester schließen. Oder K700 ist quantitativ limitiert und schon mit Substrat gesättigt.

Der Import von tpTPT zeigt mehr Banden als SSU. Dabei besitzen sowohl K920 als auch der bei SSU ebenfalls auftretende K120 ähnliche zeitliche Verläufe mit einem sehr frühen Maximum. Dies spricht entweder für eine unmittelbare Nachbarschaft in der Transportkette, oder aber (auch) dafür, dass durch die Solubilisierung und/oder Elektrophorese sich der kleinere Komplex überwiegend vom größeren gelöst hat, sie also ursprünglich in einem Komplex vereint waren. Der K700 nimmt hier besser erkennbar als beim Import von SSU mit zunehmender Importlänge ab, verschwindet jedoch nie ganz, was seine Einordnung erschwert. Wie zu erwarten ist, reichert sich das reife tpTPT-Protein (was EGFP entspricht) an und erreicht sein Maximum erst bei 20 – 30 min.

Beim Import von TPT sind zwar viele Banden zu erkennen, nur besitzen die meisten davon eine so geringe Intensität, dass eine Interpretation nach ihrem zeitlichen Verlauf schwer bis unmöglich ist. Der K120 ist auch hier zu finden, jedoch verändert er sich mit der Zeit kaum. Das reife Protein (◄), erkennbar aufgrund der Akkumulation mit der Zeit (und dem Maximum am letzten Messpunkt) migriert bei ca. 90 kDa und damit langsamer als die löslichen Proteine tpTPT und SSU. Dies könnte an seiner nichtglobulären Konformation und auch an seiner putativen Dimerisierung (Fischer et al., 1994) liegen. Da in der letzten Proben der Zeitreihe (30 min) von allen Substraten (SSU, tpTPT, TPT) generell weniger Protein als im Zeitpunkt davor (20 min) zu sehen ist, kann davon ausgegangen werden, dass hier ein methodisch/präparativer Fehler vorliegt, vermutlich also keine den anderen Zeitpunkten vergleichbare Menge an Importreaktion abgenommen/eingesetzt wurde.

Neben dem Import der Standardsubstrate ermöglicht auch eine Importzeitreihe von TocTic-Untereinheiten Transportintermediate der Importreaktion weiter zu charakterisieren. Wie schon in Kapitel 3.3.2 angemerkt, werden sowohl finale Transportkomplexe, als auch die temporären Intermediate markiert. Die **Abb. 31** zeigt das Ergebnis der zeitlichen Abhängigkeit von TocTic-Untereinheiten.

Der Import von Toc34-Untereinheiten zeigt zwei sehr prominente Banden (K500, K600), welche früh gesättigt sind. Diese entsprechen aufgrund ihrer Deutlichkeit wahrscheinlich nativ auch ohne Transportsubstrat auftretende Toc34-enthaltende Komplexe an der äußeren Hüllmembran. Die Signale im höchsten Molekulargewichtsbereich (K9x) nehmen mit der Zeit zu, sodass auch hier von nativen Komplexen ausgegangen werden kann (Intermediate sollten nach einem frühen Maximum wieder weniger werden). Weitere Banden lassen sich aufgrund des hohen Hintergrundes im mittleren Molekulargewichtsbereich schlecht auswerten, ihre Präsenz spricht für diverse Proteinkomplexe mit Toc34-Beteiligung oder zumindest einem komplexen Transport- und Assemblierungsprozess von Toc34.

4.4 Charakterisierung der Transportintermediate

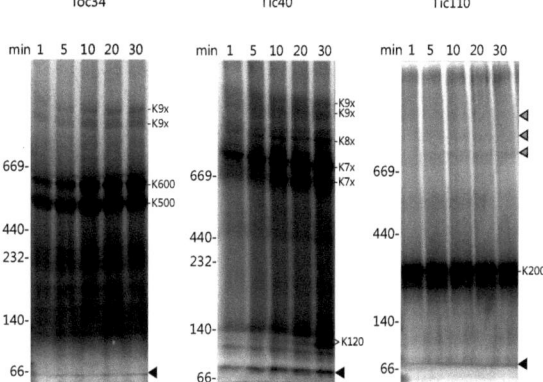

Abb. 31 Zeitlicher Verlauf des Proteinimportes von Toc/Tic-Untereinheiten. hrCN-PAGE von Standardproteinimporten von Toc34, Tic40 und Tic110 (5.1.8) mit 1; 5; 10; 20 und 30 Minuten Inkubationszeit der Importreaktion. Transportkomplexkennung erfolgt rechts vom Gelbild, mit Fragenzeichen und graue gefüllte Dreiecke (◁) zeigen nichtzuordenbare Proteinkomplexe. Schwarze Dreiecke (◀) zeigen auf mit Lauffront migrierende freie Proteine.

Der zeitliche Verlauf des Tic40-Importes zeigt auch ein prominentes Doppelbandenmuster (K7x), welches jedoch langsamer migriert, als das Doppelmuster der Toc34-Signale. Auch unterscheiden sich beide Banden in ihrer Kinetik, die untere erreicht ihr Maximum erst bei 30 min, das obere Signal dagegen ist schon nach fünf Minuten gesättigt. Ebenso lässt sich hier kein Abnehmen einer Signalbande beobachten, der letzte Zeitpunkt zeigt insgesamt eine sehr hohe Signalintensität. Die Banden mit dem höchsten Molekulargewicht (K9x) erreichen ihr Maximum früh. Leider ist aufgrund einer Anomalie in der Gelpolymerisation (*smiley*-Effekt) das Laufverhalten schwer mit den bei Toc34 sichtbaren Komplexen vergleichbar. Eventuell sind es die gleichen Transportkomplexe.

Tic110 zeigt keine Veränderungen über die Zeit der Importreaktion. Es ist ein sehr prominenter Komplex bei ca. 200 kDa zu beobachten (K200), welcher eingangs charakterisiert wurde (Abb. 23). Proteinbanden mit schwacher Signalintensität lassen eine Beteiligung von Tic110 an höhermolekularen Transportkomplexen (◁) vermuten, aufgrund des schlechten Signal zu Hintergrundverhältnisses können aber auch „nur" Transportintermediate nicht ausgeschlossen werden.

Die Kombination von zeitlicher Auflösung der Importreaktion mit yS_ATP-Retardierung wird in Abb. 32 dargestellt. Dabei ist die um mehrere Größenordnungen erhöhte Signalintensität des durch yS_ATP induzierten Transportkomplexes K920 gut zu erkennen. Dies spricht für eine erhöhte Stabilität dieses ansonsten vermutlich sehr transienten Transportkomplexes. Die dadurch erreichte Verzögerung des Importes beeinflusst nicht nur das

4 Ergebnisse

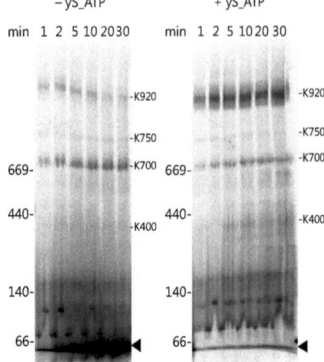

Abb. 32 Zeitlicher Verlauf des Importes von tpTPT_EGFP unter yS_ATP Einfluss. hrCN-PAGE eines Standardimportes von tpTPT mit Inkubationszeit von 1; 2; 5; 10; 20 und 30 Minuten mit und ohne 2 mM yS_ATP in der Importreaktion. Schwarze Dreiecke (◄) markieren freies, reifes tpTPT (EGFP).

finale Protein (◄), sondern auch weitere Komplexe, welche in Kombination mit Abb. 30 als nachgeschaltete oder in der Transportprozesskette nach K920 arbeitende Komplexe verifiziert werden können (z.B. K700). Die K920er Komplexe treten also früh während des Importprozesses auf. Dagegen wird K750 wie schon festgestellt nicht durch yS_ATP beeinflusst und verändert seine Intensität über die Zeit mit oder ohne yS_ATP nicht. Wahrscheinlich ist eine präzisere Einschätzung des zeitlichen Verhaltens erst mit höherer Signalintensität von K750 zu vollbringen.

4.4.5 Lokalisierung von Transportintermediaten innerhalb der chloroplastidären Kompartimente

Aufgrund der Importe schon beschriebener TocTic-Untereinheiten (Toc34, Toc12, Tic40, Tic110) kann zwar vermutet werden, dass die dabei auftretenden Signale sich auch in der Hüllmembran lokalisieren, eine experimentelle Überprüfung dieses Stands der Forschung stärkt die Validität der Gesamtaussage weiter. Die Untersuchung der Lokalisierung der in den Nativgelen auftretenden Signalen und somit den entsprechenden Proteinkomplexen kann zum einen durch Fraktionierung der Chloroplasten nach dem Import geschehen. Die dabei entstehende zeitlichen Verzögerung (ca. 1 h) während der Fraktionierung produziert z.T. falsch negative Ergebnisse. Daneben lässt sich auch durch eine Inkubation mit Protease (hier Thermolysin) auf die Lokalisierung der Signale aus den Nativgelanalysen schließen. Proteine, welche hinter (*trans*) einer Membran liegen, sind für die Protease nicht mehr erreichbar, werden also durch diese nicht degradiert und sind weiterhin detektierbar. Allerdings ist diese

4.4 Charakterisierung der Transportintermediate

Grenze keineswegs unumstößlich, besonders „löchrige", d.h. mit vielen Kontaktstellen zu peripheren Membransystemen und proteinarme Membranen, wie z.B. die äußere Hüllmembran bieten keinen 100% Schutz vor Proteasen (Cline et al., 1984).

Diese Problematik wird in Abb. 33A deutlich. Dargestellt sind vier verschiedene Importe desselben Substrats (tpTPT) in vier unterschiedliche Chloroplastenpräparationen mit anschließendem proteolytischen Verdau der nach Waschung verbliebenen Oberflächenproteine des Chloroplasten. Deutlich zu sehen ist das Signal der Transportintermediate von höchstem Molekulargewicht (K9x, K920), was bei tpTPT-Importen unter ATP-Depletionen standardmäßig auftritt. Sowohl die Menge an Protease (und Cofaktor) und Chloroplasten, als auch die Inkubationszeit ist bei allen gleich, trotzdem ist ein unterschiedliches Degradationsmuster zu erkennen. Die K920er werden zum Großteil degradiert. Da sie aber in zwei von vier Fällen (in II & III) auch nicht nach 30 minütiger Proteasebehandlung vollständig

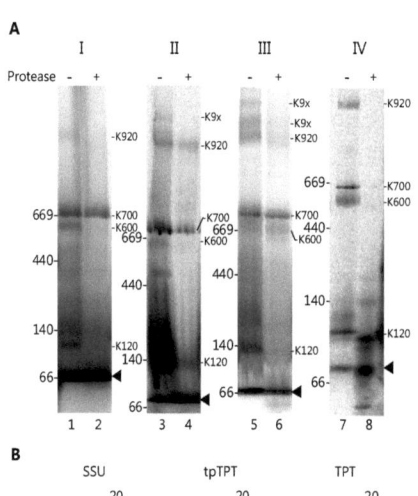

Abb. 33 Proteasebehandlung von Proteinimporten, native Darstellung. hrCN-PAGE (AI, AII, AIII)und HDN-PAGE (AIV) von tpTPT (A) und SSU, tpTPT und TPT (B) Standardimporten unter ATP-Depletion mit anschließender 20 minütiger Proteasebehandlung (5.3.3) einer Hälfte der Importreaktion (A) und zusätzlich einer 20 minütigen Scheininkubation (B, 20-) ohne Protease. (A) Schwarze Dreiecke (◄) markieren reifes Protein (EGFP), weiße Dreiecke (◁) indizieren Substratproteinbanden, die starke Reaktion auf Proteasebehandlung zeigen und keinem Transportkomplex zugeordnet sind. Sternchen (*) markiert Rubiscoholokomplex.

verschwinden, dürften sie kaum gut zugängliche Komplexe darstellen. Dagegen verschwinden andere Banden (K120, K600) vollständig bei allen vier Replikaten, welche den Standard für vollständige Degradation und damit Exposition (Erreichbarkeit) vorgeben. K750 ist in **Abb. 33A** leider nicht zu erkennen. Aus dem Vergleich dieser beiden Fälle der Degradation kann vermutet werden, dass sich die K920- und K9x-Komplexe wahrscheinlich „hinter" der äußeren Membran im Intermembranraum befinden. Da sich vermutlich Toc34 in diesem Komplex befindet (Abb. 22, Abb. 31, Abb. 37, Abb. 41), muss er aber noch Kontakt zur äußeren Membran haben. So ist auch vorstellbar, dass Toc34 nach Transportsubstratbindung sich in Richtung Intermembranraum bewegt, oder dass es zwei verschiedene Lokalisierungen von Toc34-enthaltenden Komplexen gibt. Detailliertere Ausführungen finden sich in der Diskussion (4.2.5).

Weiter interessant ist das Signal des K700. Dies verschwindet nur in einem Fall (IV), ist aber in den Experimenten I-III sehr stabil. Wahrscheinlich wurde die Protease nach der Importreaktion im Fall IV nicht hinreichend gestoppt. Eine Lokalisierung hinter der inneren Hüllmembran, wahrscheinlich auch im Stroma ohne direkten Membrankontakt ist wahrscheinlich (vgl. Abb. 41). In Teilabbildung **B** beim Import von TPT wird mittels Proteaseverdau ein weiteres Charakteristikum dieses Komplexes sichtbar. Bisher deutlich sichtbar bei den löslichen Proteinen SSU und tpTPT, ist dieser bei TPT schwach ausgeprägt und deutlich erkennbar proteaseresistent. Das heißt, dass auch Membranproteine mit K700 interagieren. Auf diesen Punkt wird in späteren Ergebnissen und im Diskussionsteil eingegangen (5.2.2).

Um zu überprüfen, ob die schon erwähnte Präparations-, und Inkubationszeit mit der Protease zu einem falsch negativen Ergebnis führt, wurde eine weitere Fraktion ohne Protease ebenso lang wie die Proteasefraktion inkubiert (**Abb. 33B**). Da keine Veränderung gegenüber der unbehandelten Fraktion sichtbar ist, können Artefakte in diesem Sinne ausgeschlossen werden.

Die unterschiedlichen Wirkungstiefen der Proteaseexperimente können zum einen von verschieden „gelungenen" Chloroplastenisolationen herrühren, bei denen die Hüllmembran qualitativ unterschiedlich intakt präpariert worden ist. Sicherlich spielen dabei auch physiologische Faktoren, wie z.B. Alter, Tageszeitpunkt der Ernte, Feuchtigkeit und Photosyntheseleistung des Blattmaterials eine Rolle. Zum anderen können sich auch die bei kleinen Volumina (hier Thermolysin- und $CaCl_2$-Lösung) relativ größeren Pipettierfehler bei einer 30 minütigen Inkubationszeit verstärkt auswirken.

4.4 Charakterisierung der Transportintermediate

Mit der Alternativmethode (**Abb.** 34) zur Untersuchung der Lokalisierung von Transportintermediatkomplexen werden die ermittelten Aussagen aus Abb. 33 weitestgehend bestätigt. So findet sich K700 in der Hüllmembran- sowie in der Stromafraktion wieder (**Abb. 34A**) und ist deswegen proteaseresistent (**Abb. 33A**). Die Lokalisierung in der Hüllmembranfraktion kann auch durch eine Kontamination mit Stroma erklärt werden. Die Signale der SSU in Hüllmembran und Thylakoide (*) sind z.T. methodische Artefakte und der extremen Abundanz des Rubiscoholokomplexes geschuldet, welche dadurch als Kontamination in jeder Fraktion wiederzufinden ist Das Teilexperiment (**Abb. 34B**) beinhaltet nur die Fraktionierung in Hüllmembranen. Es ist klar ersichtlich, dass die K920er in der Hüllmembran lokalisieren. Dabei unterscheiden sich Erbse und Spinat nicht in der Lokalisierung, der K920-Komplex ist jedoch bei Erbse geringfügig kleiner. Des Weiteren ist dieser Komplex bei Spinat deutlich stabiler, da er sich in der Hüllmembranpräparation anreichert und nicht wie bei Erbse abreichert. Wahrscheinlich zerfällt er in Subkomplexe, die sich zwischen K700 und K600 befinden. Die Chloroplasten aus Blattmaterial von Erbse und Spinat wurden nach demselben Protokoll isoliert (6.3.1). Der K120 kann einen Toc-Subkomplex darstellen, da er eine starke

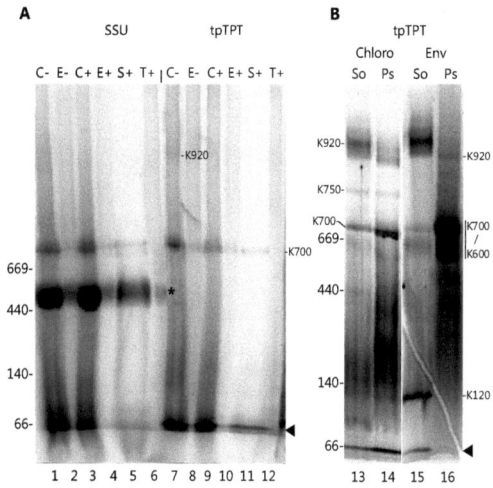

Abb. 34 Subfraktionierung der Chloroplasten nach Import. hrCN-PAGEs von Standardimporten ohne (**A**) und mit (**B**) yS_ATP in der Importreaktion mit Auftrennung der Importchloroplasten nach Waschen in die Subkompartimente Envelopemembranen (E), Stroma (S) und Thylakoide (T) (5.3.5). Proben ohne Proteasebehandlung werden mit einem „-" gekennzeichnet (C-, E-), Proben mit einem „+" wurden mit Protease behandelt (C+), bzw. wurden aus proteasebehandelten Chloroplasten fraktioniert (E+, S+, T+). Spinat- (So) und Erbsenchloroplasten (Ps) der Importreaktionen in (**B**) wurden anteilig nur in Hüllmembranen (Env) fraktioniert und nicht mit Protease inkubiert. Schwarze Dreiecke (◄) markieren freie, gereifte Transportsubstrate und Sternchen (*) markiert den Rubiscoholokomplex.

Proteasesensibilität zeigt (vergl. **Abb. 33A**). Des Weiteren tritt er überproportional nach der Hüllmembranpräparation auf, weswegen es darüber hinaus möglich ist, dass er ein „nur" ein Präparationsfragment des K920 darstellt (**Abb. 34B**). Für spätere Experimente entscheidend ist die überdurchschnittliche Stabilität der Komplexe von Spinatchloroplasten während der Importreaktion und sich anschließenden Präparationen. Da die Komplexe aus Erbsenchloroplasten ein stärker verändertes Bandenmuster z.B. nach Subfraktionierung zeigen und vermutlich deswegen die fragileren Organellen sind, fallen diese aus der Betrachtung für weitere Experimente mit Hüllmembranpräparation.

4.4.6 Kompetitions- und 2.Dimensionsanalyse

Um die Transportintermediate direkt untersuchen zu können, muss noch eine wichtige Analysemethode der Standardimporte eingeführt und deren Anwendbarkeit gezeigt werden. Mit der zweidimensionalen Gelelektrophorese kann in dem Fall des plastidären Proteinimportes ein zusätzlicher Informationsgewinn erreicht werden. Nach dem Nativgellauf wird eine duplizierte Spur des zu untersuchenden Importes denaturiert und um 90° rotiert in ein Sammelgel einer denaturierenden SDS-PAGE polymerisiert (ausführlich siehe 5.3.12). Dabei werden die nichtkovalenten Protein-Protein Wechselwirkungen aufgehoben, die Transportkomplexe geben gebundenes Substrat frei und zerfallen in ihre Proteinuntereinheiten. Diese werden nun mit hoher Auflösung ihrer Größe nach aufgetrennt. So wird z.B. eine Unterscheidung zwischen Vorläuferprotein, welches das Transitpeptid noch besitzt und deshalb größer ist, und dem reifen Protein, bei dem diese Präsequenz schon entfernt wurde, möglich.

In **Abb. 35** ist das Endergebnis dieser umfangreichen Analyse gezeigt. Es zeigt sich, dass die Transportintermediate der gezeigten Importsubstrate nur aus Vorläuferproteinen (◄) bestehen und gereiftes Transportsubstrat (◄) vor allem im niedermolekularen Bereich auftritt. Daneben sind bei den Importen mit verändertem Energielevel (**B, C**) Zwischenprodukte der Reifung (◄) zu erkennen. Bei normalem ATP-Level (**A**) wird das Signal eines Zwischenproduktes von reifem Protein überlagert. Beim Import von TPT lässt sich in der 2. Dimension ein horizontaler Schmier des reifen Proteins (◄) bis ca. 650 kDa (1. Dim.) erkennen, welcher sich mit einem vertikalen Schmier eines Signales aus der 1. Dimension und damit einem Transportintermediatkomplex (vielleicht K600) trifft. Vermutlich beinhaltet dieser Komplex eine SPP-Aktivität, und zeigt so in der 2. Dimension Signale von sowohl Ausgangs- als auch Reaktionsprodukten. Aufgrund der niedrigen Stichprobenanzahl kann leider keine Einordnung dieses Komplexes stattfinden. Da bei den tpTPT-Importen (**Abb. 35A, B**) auch

4.4 Charakterisierung der Transportintermediate

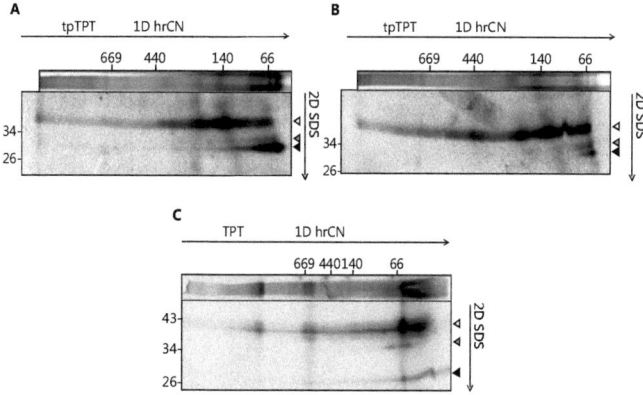

Abb. 35 Zwei dimensionale Gelelektrophoreseanalyse. SDS-PAGE (2. Dimension) von hrCN-PAGE-Gellaufspuren (1. Dimension) von Standardproteinimporten von tpTPT (**A**) und tpTPT mit ATP-Depletion (**B**) sowie TPT (**C**) mit 2 mM yS_ATP in der Importreaktion. Gesamte Probenspur des Trenngelteils der Nativgels wurde ausgeschnitten, um 90° gedreht, in das Sammelgel einer SDS-PAGE polymerisiert und anschließend denaturierend elektrophoretisch aufgetrennt. Pfeile markieren die Laufrichtung der Proben in den jeweiligen Gelsystemen, Größenmarker der hrCN-PAGE in X-Achse, Größenmarker der SDS-PAGE in Y-Achse. Weiße Dreiecke (◁) zeigen auf ungereiftes Vorläuferprotein, Schwarze Dreiecke (◀) weisen auf vollständig prozessiertes Protein, graue Dreiecke (◂) markieren SPP-Prozessierungszwischenstufen.

ein horizontaler Schmier in Höhe des reifen Proteins auftritt, welcher über die gesamt Breite des Gels reicht, kann es sich auch um ein Artefakt handeln. Weiterführende Untersuchungen sind daher notwendig.

Kompetitionsanalysen können wertvolle Hinweise über Verzweigung und oder Parallelität von Transportwegen liefern. Wenn zusätzlich zum radioaktiv markierten Transportsubstrat auch unmarkiertes in vielfach höheren Konzentrationen in der Importreaktion verwendet wird, entsteht ein Wettbewerb (Kompetition) des Transportsubstrates mit dem Kompetitor (FNR) um Bindung an einen Komplex desselben Transportweges und um nachfolgende Transportreaktionen. Letzteres nur, wenn der Substratumsatz des folgenden Komplexes kleiner ist, als desjenigen davor.

Die **Abb. 36** zeigt ein solches Experiment, indem FNR als unmarkierter Kompetitor in den ausgewiesenen Konzentrationen eingesetzt ist. Zusätzlich zur nativen Auftrennung ist die entsprechende Probe auch mittels SDS-PAGE aufgetrennt, um eine vergleichende Begutachtung der Nativgelsignale zu ermöglichen. Deutlich erkennbar ist die um Größenordnungen reduzierte Importquantität der radioaktiv markierten Substrate bei Zugabe des Kompetitors, unabhängig vom eingesetzten radioaktiv markiertem Transportsubstrat. Die einzelnen Transportintermediate (besonders bei tpTPT) zeigen eine starke Signalabnahme bei Applikation von Kompetitor, egal ob es sich um ein hydrophobes Membranprotein (wie TPT)

4 Ergebnisse

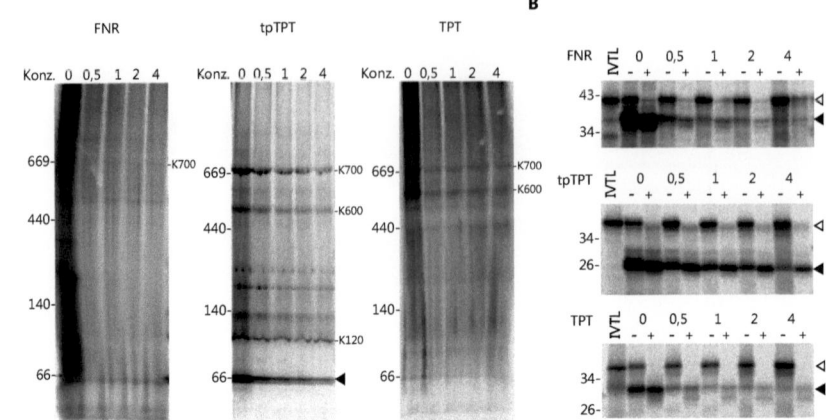

Abb. 36 Native & denaturierende Gelelektrophorese von Kompetitionsexperimenten des Proteinimportes. Standardproteinimporte unter Kompetitionsbedingungen (5.3.7). Kompetitor FNR wurde in Konzentrationen von 0 µM (Harnstoffkontrolle), 0,5 µM; 1 µM; 2 µM und 4 µM eingesetzt. Importreaktionen wurden nach dem Waschen ohne Proteaseinkubation aufgeteilt für die weitere Analyse per Nativgel (**A**), danach weiter aufgeteilt in Chloroplasten ohne (-) und mit (+) Proteasebehandlung für die folgende Auftrennung per SDS-PAGE (**B**). Schwarze Dreiecke (◄) zeigen reifes Protein, weiß gefüllte Dreiecke (◁)

oder eine lösliches Protein handelt. So kann davon ausgegangen werden, dass es im Beginn der Transportkette keine parallelen Transportwege abhängig von primären Substrateigenschaften gibt. Sondern es existiert nur einer den Transport initiierenden Komplex, den alle beide (Substrat und Kompetitor) gleichermaßen benutzen. Die folgenden Komplexe sollten auch keine deutlich geringere Transportgeschwindigkeit haben, da eine wenig aufeinander abgestimmte Prozesskette die Zelle zuviel ATP kosten würde, d.h. bioökonomisch betrachtet nicht sinnvoll erscheint (Wieser, 1994). Interessant ist die Zunahme von Vorläuferprotein bei Erhöhung der Kompetitorkonzentration, welches nur in der SDS-PAGE sichtbar ist. Dabei kann es sich um ein Artefakt einer der beiden Elektrophoresemethoden handeln. Vielleicht sind es Aggregate, die in dem Nativgelsystem nicht auftauchen, da sie vor dem Lauf als unlöslich präzipitiert wurden, während sie im SDS-PAGE-Probenpuffer gelöst werden konnten.

Zusammenfassung Die unterschiedlichen Ansätze zur Charakterisierung der Transportintermediate mittels Nativgelanalysen zeigen, dass die sichtbaren Signale keine Artefakte darstellen, sondern in der Vergangenheit beschriebene Eigenschaften sich bei ihnen durchgehend nachweisen lassen. Daneben findet sich eine Vielfältigkeit der Transportintermediatsignale wieder, die bisher noch nicht beschrieben ist. Die Untersuchung des *in*

4.4 Charakterisierung der Transportintermediate

organello Proteinimports in Chloroplasten mittels hrCN- und HDN-PAGE ermöglicht deshalb erstmals einen sehr detaillierte und ausführliche Beschreibung dieses Prozesses. Wenn die Chloroplasten möglichst schonend präpariert wurden (5 mM DTT nach Aufschluss), kann durch Verringerung der ATP-Konzentration inner- und außerhalb des Chloroplasten der Transportvorgang derart verlangsamt werden, dass im Nativgel vermehrt Signale von Transportintermediaten auftreten. In der korrespondierenden SDS-PAGE zeigen alle getesteten Transportsubstrate eindeutig Importreaktionen sowie in der Nativgelelektrophorese ähnliche Signalmuster. Diese sind stabiler, wenn die Chloroplasten nach Import mit 1,5 % Digitonin solubilisiert werden. Generell unterscheiden sich die Signale der Importe in Chloroplasten aus Spinat- und Erbsenblättern nur wenig. Bei Translation der Vorläuferproteine in Retikulozytenlysat entstehen eher mehr, bei Translation in Weizenkeimextrakt tendenziell weniger Transportintermediate. Werden TocTic-Untereinheiten importiert zeigen sich drei verschiedene Signalklassen (I-Toc34 & HP30, II-Toc12 & Tic40, III-Tic110). Das ausgeprägte Transportintermediatmuster von TPT-Fusions- und Deletionsproteinen wird wahrscheinlich durch eine verlangsamte Prozessierung an der SPP-Schnittstelle aufgrund der veränderten Primärsequenz hervorgerufen. Das tpTPT-Vorläuferprotein wird daher als Standardsubstrat benutzt. Wird der Importreaktion yS_ATP hinzugegeben, stabilisiert sich ein Transportintermediat mit hohem Molekulargewicht (K920). Aufgrund der Reproduzierbarkeit der Transportintermediate wird eine Komplexkennung eingeführt, die sich aus „K" und dem ungefähren Molekulargewicht des Komplexes (in kDa) zusammensetzt. Der Komplex K700 befindet sich im Stroma und assoziiert mit der Hüllmembran. Er tritt spät in der Proteintransportkette auf. Der Komplex K920 ist wahrscheinlich vor dem K700 geschaltet und befindet sich demzufolge auch logistisch davor, nämlich nur in der Hüllmembranfraktion.

4 Ergebnisse

4.5 Identifikation der Transportintermediate

Die im vorangegangenen Kapitel beschriebenen Phänomene, die bei Untersuchung der Importreaktion von Chloroplasten mittels Nativgelanalyse auftreten, „schreien" förmlich nach detaillierteren Untersuchungen. Besonders interessant ist dabei die Zusammensetzung der Transportintermediate: „Aus welchen Proteinuntereinheiten setzen sich die beobachteten Komplexe zusammen?" Diese Frage wird in den folgenden Kapiteln soweit wie möglich beantwortet.

4.5.1 Antikörperbindungsexperiment

Die Identifikation von Proteinkomplexuntereinheiten kann über verschiedene Wege erfolgen. Aufgrund der Natur der standardmäßig benutzten Nativgelanalysen eignen sich diese besonders, um zum Solubilisat der Importreaktion verschiedene Antikörper zu geben. Da die Nativgelsysteme nichtkovalente Wechselwirkungen der Proteine zum Großteil erhalten, können Antikörper mittels nichtkovalenter Wechselwirkung an ihr Antigen binden und damit die Größe und Laufgeschwindigkeit des Proteinkomplexes verändern (Swamy et al., 2007) (im Englischen auch *antibodyshift* genannt). Dies klingt in der Theorie relativ einfach, jedoch werden hohe Anforderungen an den Antikörper gestellt, wie zu sehen sein wird. Daneben kann damit auch nicht jede Untereinheit eines Proteinkomplexes identifiziert werden, da manche Proteine auch abgeschirmt im Inneren eines Komplexes sitzen können, also nicht immer die antigenen Epitope für die Antikörper zugänglich sind.

Abb. 37 zeigt ein Experiment, bei dem die Importsolubilisate mit verschiedenen Antikörpern inkubiert und mittels hrCN-PAGE aufgetrennt sind. Besonderes Interesse gilt hier dem Transportintermediat von höchstem Molekulargewicht, weswegen der Import unter yS_ATP Einfluss angesetzt ist. Von den verwendeten Antikörpern zeigen αToc159A, αEGFP und αIdH keinen Einfluss auf die Migrationsgeschwindigkeit irgend eines Transportkomplexes, was aber zumindest für αToc159A und αEGFP nicht zu erwarten gewesen ist. Der αEGFP-Ak müsste tpTPT_EGFP erkennen, αToc159A sollte evtl. K750 erkennen, welcher hier aber nicht deutlich ausgeprägt ist. Möglicherweise findet der αToc159-Anikörper kein passendes Antigen, da die A-Domäne von Toc159 leicht degradiert und evtl. bei der Chloroplastenisolation verlorengegangen ist. Dagegen sollte der αEGFP-Antikörper zumindest reifes, freies EGFP binden und im Laufverhalten verändern. Dies ist zwar nicht zu sehen, jedoch K600 tritt hier deutlich mit erhöhter Signalintensität hervor. Daneben zeigt der Tic110-Ak ein ähnliches (unspezifisches) Signal. Vielleicht binden hier Komponenten aus dem

4.5 Identifikation der Transportintermediate

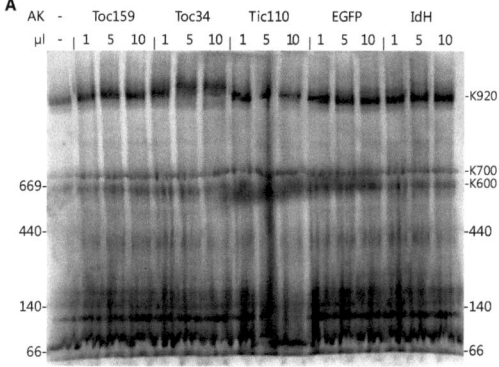

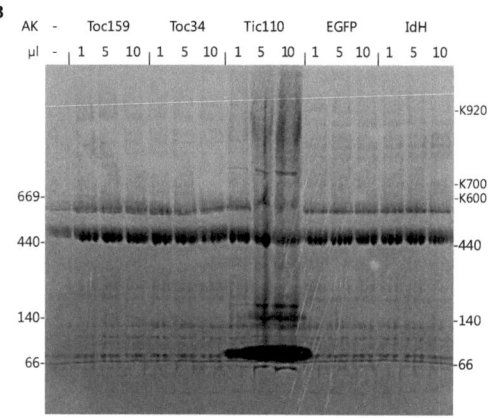

Abb. 37 Antikörpershift der Transportintermediate vom Proteinimport. hrCN-PAGE von tpTPT Standardproteinimport unter yS_ATP mit Zugabe von 1; 5 oder 10 µl Antikörper (AK) zum Überstand des Chloroplastensolubilisates (5.3.6). Dabei wurden Antikörper gegen A-Domäne von Toc159, gegen Toc34, gegen Tic110, gegen EGFP und als Kontrolle gegen Isocitratdehydrogenase (IdH) benutzt. Dargestellt sind die Radioexposition (**A**), sowie die Coomassiefärbung (**B**) des hrCN-Gels. Transportkomplexkennung erfolgt rechts (**A**), entsprechende Positionen sind auch für (**B**) identisch aufgeführt.

Serum tpTPT. Da die Antikörper auf solubilisierte Chloroplasten gegeben werden, welche minimal radioaktives Material (im Vergleich zur Translationsreaktion) in Form des Transportsubstrates enthalten, muss es sich um ein importkompetentes Signal handeln. Eventuell führt in diesem Fall die Ak-Bindung nicht oder nur wenig zu einer Veränderung der Migrationsgeschwindigkeit. Leider ist mit diesem unscharfen Signal, welches tendenziell höher reicht, als das K600-Signal der Kontrollinkubation (IdH) keine valide Identifizierung eines EGFP-enthaltenden Komplexes aufgrund der Veränderung der Laufgeschwindigkeit möglich. Nebenbei ist dies aber schon durch das radioaktive Signal von tpTPT gegeben.

Die Inkubation mit dem αTic110-Antikörper zeigt ein uneinheitliches Bild. Das Ergebnis ist schwer mit den Signalen der anderen Spuren vergleichbar. Dies liegt, erkennbar an der Coomassie-Färbung (**B**), an der mangelnden Reinheit des Antikörpers, welcher als ungereinigtes Serum massiv den Lauf störende Proteine enthält. Einzig der αToc34-Antikörper zeigt eine klare Veränderung des Laufverhaltens von K920, besonders bei Inkubation mit 5 µl und 10 µl des aufgereinigten, polyklonalen Antikörpers. Die Photosynthesesuperkomplexe, die sich in derselben Höhe wie der „yS_ATP-Komplex" befinden (B), verändern ihre Laufgeschwindigkeit bei αToc34-AK Inkubation nicht. Dies spricht für die Spezifität der Antikörperbindung. Die negativen Ergebnisse der αToc34-Inkubation als „Nichtveränderung" des Bandenmusters geben demzufolge auch wieder, in welchen Komplexen sich Toc34 nicht befindet, bzw. das Toc34-Antigen nicht zugänglich ist. Zwar können sich darunter auch falsch negative Signale befinden, interessant ist aber z.b., dass der graue Schatten/Bande unter K920 keine Änderung in der Wanderungsgeschwindigkeit erfährt. Ebenso sind K600 und K700 unverändert, enthalten also kein (zugängliches) Toc34.

Zusammengefasst ist die Methode der Antikörperinkubation von gelösten Proteinkomplexen mit anschließender nativer Gelelektrophorese („antibody-shift") eine Möglichkeit, die Zusammensetzung zu klären. Dazu sollten die Antikörper eine hohe Reinheit besitzen und auch native Epitope erkennen können. Diese Methode eignet sich gut für erste Voruntersuchungen, für eine vollständige Analyse ist sie ungeeignet, da in Multiproteinkomplexen nicht alle Epitope eines Proteins für Antikörper zugänglich sind und auch unbekannte Proteinuntereinheiten nicht detektiert werden können.

4.5.2 Zweidimensionale Gelelektrophoreseanalysen von Chloroplastenhüllmembran-Präparationen

Ein weiterer Vorteil der „antibody-shift"-Methode ist die Kombination von geringen Mengen an Transportsubstraten mit der Verwendung von ganzen Organellen. Da Nativgelsysteme im Gegensatz zu z.B. chromatographischen Verfahren eine relativ niedrige Kapazitätsgrenze (>100 µg Chlorophyll) für aufzulösende Proteinproben besitzen, reichen für die in rel. kleinen Mengen *in vitro* synthetisierten Proteine auch kleine Mengen an Chloroplasten (~15 µg Chlorophyll) für die Detektion aus. Die geringe Menge an Zielprotein wird mit der hohen Sensitivität der Detektion dessen radioaktiver Markierung kompensiert.

Für die vollständige Analyse der Transportkomplexzusammensetzung muss direkt daran „Hand angelegt" werden. Für diese direkten Manipulation sind gewisse Mindestmengen und -reinheiten an Zielprotein nötig, die u.a. Proteinfärbemethoden und Detektionsgrenzen der Maschine der finalen Analyse vorgeben (z.B. Massenspektrometer). Diese Größen haben wiederum auf den Präparationsprozess direkten Einfluss. Ziel dieser

4.5 Identifikation der Transportintermediate

„Aufreinigung" ist es, von der Ausgangsprobe der Importreaktion, so gut es geht alle nichtbeteiligten Komponenten abzureichern, um letztlich die direkt an dem Transport beteiligten Proteinkomplexe möglichst rein und in einer für die Identifikation der Transportkomplexuntereinheiten benötigten Mindestmenge vorliegen zu haben.

Die **Abb. 38** zeigt eine Übersicht der wichtigsten Schritte dieser umfangreichen und langwierigen Methode. Die Anreicherung von Transportkomplexen geschieht über den zentralen Punkt der Hüllmembranpräparation. Diese Membranen enthalten generell wenige Proteine und wie im vorigen Kapitel festgestellt, sollten darin enthaltenden Transportkomplexe u.a. von so hohem Molekulargewicht sein, dass sie über die Nativgelelektrophorese klar von anderen Proteinkomplexen abgetrennt werden können. So werden zum einen Hüllmembranproteine vom Restproteom des Chloroplasten abgetrennt und das Molekulargewicht als weitere Ausschlussgröße zur Präparation von Transportkomplexen benutzt. Dadurch können die Transportkomplexe von hoher Reinheit isoliert werden. Diese werden

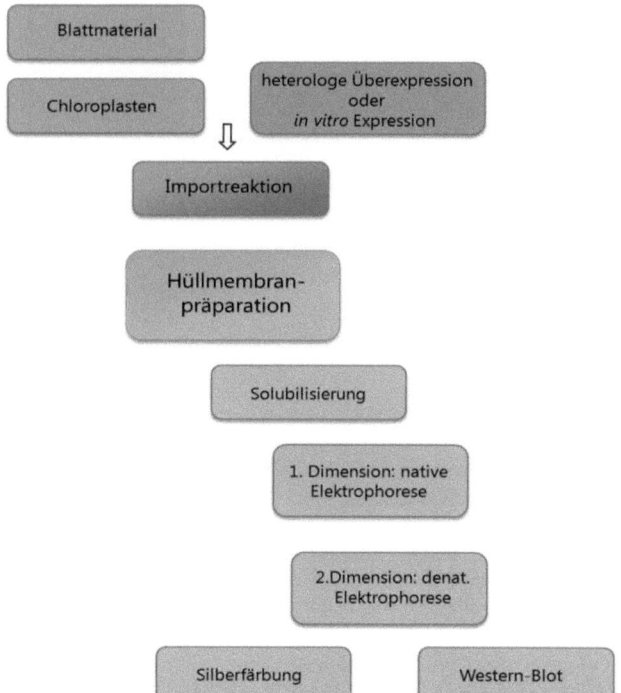

Abb. 38 Schematische Darstellung der Präparation von Proteintransportkomplexen von Chloroplasten nach Importreaktion im biochemischen Maßstab.

mittels Western-Analysen und Silberfärbung voruntersucht, bevor sie mittels Hochdurchsatztechnologien (*Spot-Picking*, MS/MS) vollständig analysiert werden können. Diese Untersuchungen würden jedoch den Rahmen dieser Dissertation sprengen und bieten sich daher unbedingt als fortführende Arbeit an.

Die Effektivität dieser Präparationsstrategie ist in dem Zwischenschritt der Färbung der 1.Dimension in **Abb. 39** zu sehen. So sind zwar chlorophyllhaltige Komplexe der Lichtsammelkomplexe und des Photosystems I zu sehen. Im Vergleich mit Gesamtchloroplastensolubilisat (Abb. 37B) ist die Abreicherung von thylakoidären Proteinen überzeugend dargelegt, da im Experiment von **Abb. 39** 50x mehr Chlorophyll eingesetzt ist. Die hohe Menge an Rubiscoholoenzym rührt zum einen von der extrem hohen Abundanz dieses Proteins, zum

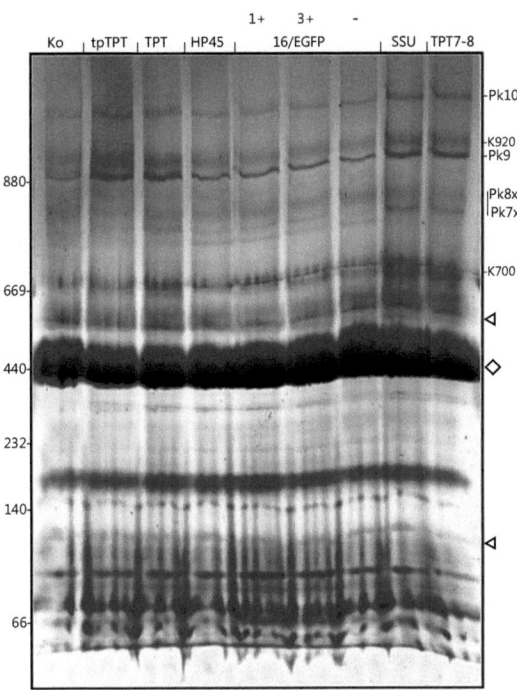

Abb. 39 Proteinfärbung von Nach-Import-Envelopmembranen. hrCN-PAGE von solubilisierten Envelopemembranen, welche nach einem hochskalierten (50x) Standardimport ohne radioaktive Markierung mit 500 μM yS_ATP und den oben aufgeführten Substratproteinen abgetrennt wurden. Das Vorläuferprotein tpTPT (400μl) wurde in Retikulozytenlysat synthetisiert; TPT, HP45, SSU und TPT7-8 (jeweils 400 μl) in hocheffizientem Weizenkeimextrakt (5.1.5, 5.3.2) und 16/EGFP wurde aufgereinigt aus *E.coli* tlws. denaturiert (gelöst in 3 M Harnstoff, 500 mM Imidazol, 500 mM NaCl, 20 mM Hepes pH 7,5) 1/100 (final 20 μg Protein) in die Importreaktion eingesetzt. 16/EGFP wurde vorher mit 100 μl (1+) und 300 μl (3+) Leertranslation des Weizenkeimextrakts inkubiert. Weiß gefüllte Raute (◊) indiziert Rubiscoholokomplex, weiß gefüllte Dreiecke (◁)) markieren chlorophyllhaltige Komplexe (PSI und LHC). Transportkomplexkennung erfolgt rechts am Gelbild.

4.5 Identifikation der Transportintermediate

anderen von seiner Fähigkeit zur Assoziation mit der Hüllmembran und auch von der Präparationsmethode der Hüllmembranvesikel. Die beim Trennen mittels osmotischem Schock der Hüllmembranen von Stroma und Thylakoide entstehenden Hüllmembranvesikel schließen immer etwas Stroma ein und tragen so Rubisco in der Präparation weiter. Da aber wenige Transportkomplexe an diesem Migrationspunkt des Gels zu vermuten sind, kann diese Verunreinigung vernachlässigt werden. Unter anderem um vergleichbare Ergebnisse zu den Standardimporten zu gewährleisten, wurde darauf verzichtet, die Hüllmembranen einzeln zu präparieren. Daneben kann angenommen werden, dass ein Transportkomplex, welcher aus Toc- und Tic-Untereinheiten besteht, sich auch über beide Membranen spannt und deshalb bei Präparation einzelner Membranen disassemblieren würde.

Der Standardproteinimport benutzt *in vitro* synthetisiertes Protein aus einem zellfreien System. Dieses beinhaltet natürliche Komponenten der Translation wie z.B. Ribosomen und tRNAs als auch Komponenten der posttranslationellen Proteinreifung wie molekulare Chaperone, welche die Proteine in einem transportkompetenten Zustand halten. Das aus einer heterologen Überexpression stammende 16/EGFP Protein liegt zwar entfaltet („inclusion bodies" mit 6M Harnstoff denaturiert), also potentiell transportkompetent vor. Untersuchungen haben aber gezeigt, dass lösliche Faktoren, wie z.B. Chaperone für die Initiation des Importes nötig sind (Waegemann et al., 1990). In diesem Sinne wurde vor dem Import die 16/EGFP Proteinlösung mit Weizenkeimextrakt inkubiert, um den Proteintransport zu ermöglichen. Der Vergleich der Bandenmuster der Hüllmembranpräperation zwischen den einzelnen Importsubstraten zeigen, besonders im Bereich <700 kDa, keinen Unterschied in der Signalstärke. Dies spricht eher für die Theorie, dass auch Chloroplastenproteine ohne zusätzliche Faktoren allein aufgrund ihrer Entfaltung transportkompetent sind.

Daneben zeigt die Gelfärbung der 1. Dimension, dass Proteinkomplexe, die in der Höhe des beschriebenen K920 migrieren, eine quantitative Abhängigkeit vom eingesetzten Transportsubstrat aufweisen. Besonders stark sind diese Signalunterschiede im Vergleich zur Kontrolle bei tpTPT, TPT, SSU sowie dem TPT Deletionskonstrukt TPT7-8 ausgeprägt. Dagegen ist diese Proteinbande in der Kontrolle, bei HP45 sowie dem 16/EGFP-Protein aus der heterologen Überexpression sehr schwach ausgebildet. Proteinbanden anderer Molekulargewichtsbereiche zeigen keine derart eindeutige Abhängigkeit. Im Molekulargewichtsbereich über 700 kDa sind weder chlorophyllhaltige Komplexe, noch deren Muster zu erkennen. Das hier sichtbare Bandenmuster entspricht viel mehr den schon beschriebenen Proteinkomplexen der Transportintermediate. Neben der deutlichen Veränderung der Signal-

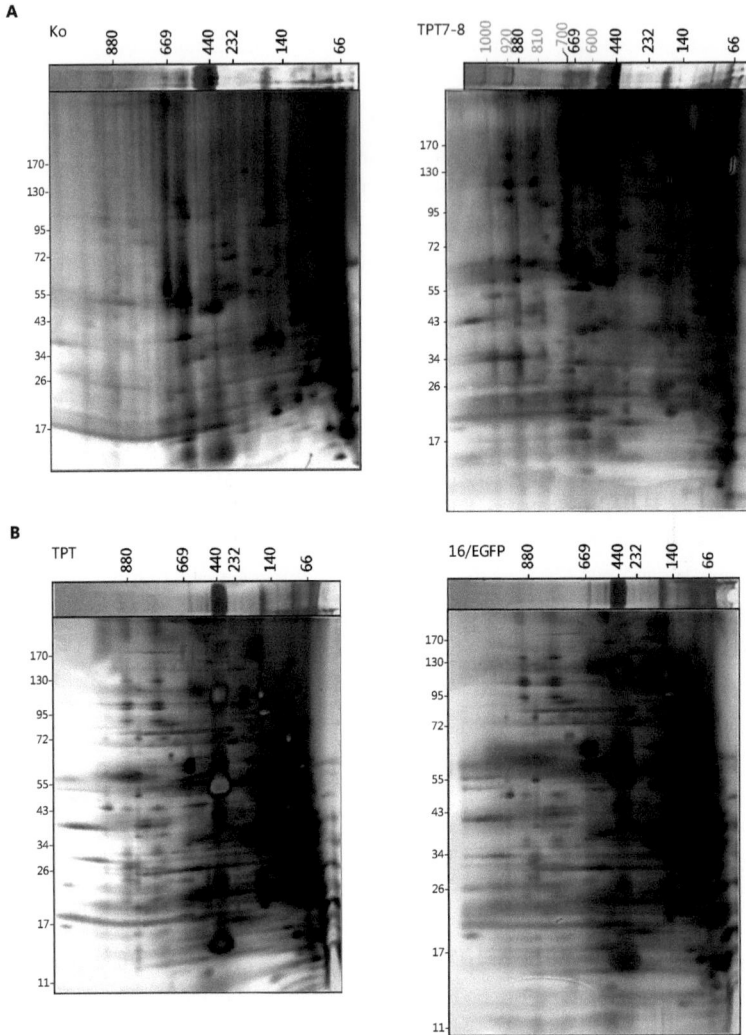

Abb. 40 Zweidimensionale Auftrennung von Nach-Import-Chloroplasthüllmembranen. SDS-PAGE der Kontroll- und TPT7-8 Probenspur aus (Ref) (**A**) sowie einer davon unabhängigen Import- und Gellaufreplikation (**B**) von TPT und 16/EGFP Importsubstraten. Größenstandards der Nativgele sind horizontal in schwarz gekennzeichnet (graue gezeichnete Größen von (**A**) TPT7-8 wurden durch lineare Interpolation der Laufstrecken der Nativmarker errechnet)

intensität des K920 abhängig vom Transportsubstrat sind im Bereich von Pk8x und Pk7x auch wechselnde Bandenintensitäten, wenn auch etwas weniger stark ausgeprägt.

4.5 Identifikation der Transportintermediate

Die Silberfärbungen der 2. Dimensionen exemplarisch von zwei der Gelspuren aus der 1. Dimension von Abb. 39 sind in Abb. 40 zu sehen. Aufgrund der suboptimalen Auflösung der denaturierenden SDS-PAGE (**A**) ist das Experiment um eine Replikation (**B**) weiterer Importe von TPT und 16/EGFP ergänzt. Hierbei wurden die Gelstreifen der 1. Dimension nicht gefärbt, sondern direkt ohne weitere Denaturierung in das Sammelgel der SDS-PAGE der 2. Dimension inkorporiert. (Zwei entsprechend duplizierte Gelspuren der 1. Dimension wurden zur Orientierung mit Commassie gefärbt und der 2. Dimension zugeordnet. (**B**)) Im Vergleich zu den vorher gefärbten Gelstreifen (**A**) ist eine erhöhte Auflösung wahrscheinlich durch eine bessere Proteinmobilisierung zu erkennen. Dies wird u.a. an der Auflösung der Rubiscountereinheiten deutlich, welche in den unteren beiden Gelen in ungleich höheren Mengen zu finden ist. Neben der Fixierung der Proteine im Gel (durch die Essigsäure) löst die Coomassiefärbung vermutlich die Ladungsträger der 1.Dimension (Desoxycholat & Dodecylmaltosid) aus dem Gel und von den Proteinen ab (durch den Methanolgehalt). Zwar können nach der Färbung durch Inkubation mit denaturierendem Probenpuffer zusätzliche Ladungsvermittler (SDS) binden, es können möglicherweise aber nicht alle Proteine wieder mobilisiert werden. Daneben kann eine zu intensive Inkubation mit SDS-haltigen Puffern zur Diffusion der Proteine und damit zu einer unzureichenden Auflösung führen.

Das Proteinmuster der Silberfärbung der 2. Dimension kann grob in zwei Hälften unterteilt werden: rechts und links der Rubisco-Untereinheiten. Am Beispiel der 2. Dimension des TPT-Importes finden sich rechts, was dem niedermolekularen Bereich (<440 kDa) der 1. Dimension entspricht, zahlreiche, abundante Proteinspots wieder. Diese nehmen bei geringerem Molekulargewicht der 1. Dimension zu, was dafür spricht, dass die meisten Proteine in den beiden Hüllmembranen vorwiegend un- oder niedrig komplexiert als z.B. Dimer vorkommen. Diese Annahme wird bestätigt durch die Tatsache, dass in der inneren Hüllmembran hauptsächlich Transporter vorkommen, die die physiologische Schnittstelle zwischen Chloroplast und Zelle bilden. Diese assemblieren z.T., wie z.B. der Triosephosphat/Phosphat Translokator (TPT) als Dimere (Fischer et al., 1994). Nichtsdestotrotz sollten sich in diesem Bereich auch Transportkomplexe befinden, wie z.B. aus dem Tic110 Import (Abb. 22), welcher ein Signal bei ca. 200 kDa produziert, abgeleitet werden kann.

Der Bereich links der Rubsico beinhaltet vergleichsweise wenige abundante Proteine. Der Kontrollimport ohne Transportsubstrat zeigt hier kaum Proteinsignale, wie aus der 1. Dimension zu erwarten war. Mit Substrat in der Importreaktion sind deutliche Proteinsignale erkennbar, die in Form mehrerer vertikaler „Perlenketten" sich den Proteinkomplexen aus der 1. Dimension zuordnen lassen. Diese Muster sind bei allen Substraten gleich und damit reproduzierbar. Auffällig sind besonders die Muster der 1 MDa, 920 kDa, 900 kDa und 810 kDa Komplexe, die tlws. sehr viele (≤ 20) Untereinheiten aufweisen und teils dieselben Proteinuntereinheiten besitzen. Darunter sind sowohl sehr große Proteine von ca. 110 kDa und 130 kDa, sowie auch viele sehr kleine Proteine von ca. 12, 13, 15 und 20 kDa Molekulargewicht. Evtl. handelt es sich bei den Komplexen mit gleichen Untereinheiten um Assem-

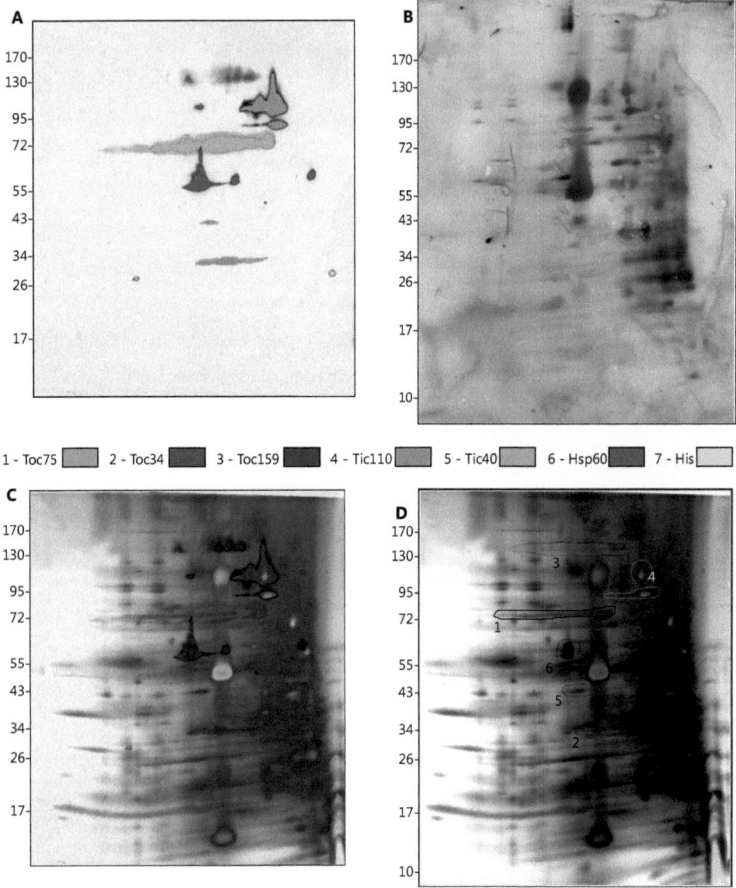

Abb. 41 Identifikation einzelner Proteinspots der 2D-Gelanalyse mittels „Western"-Analyse. (A) Überlagerung einzelner Western-Entwicklungen von 2D-Gelanalysen von TPT-Proteinimporten mit den aufgeführten farblich kodierten primären Antikörpern. Der anti-His Antikörper erkennt das Transportsubstrat (TPT), da es mit C-terminalen His-Tagg synthetisiert wurde. Die Transfermembran wurde nach Detektion „gestrippt" (5.3.15), d.h. es wurde mehrmals mit verschiedenen Antikörpern eine „beprobte" Transfermembran entwickelt. Nach der letzten Detektion erfolgte eine kolloidale Silberfärbung (5.3.16.3) der Membran (B). Die Signale der Western-ECL-Detektion wurden mit Hilfe eines Bildbearbeitungsprogrammes den Spots der Silberfärbung zugeordnet und farblich und numerisch markiert (C, D). Die benutzten Antikörper wurden von 1 - 6 durchnummeriert.

4.5 Identifikation der Transportintermediate

blierungsvor- oder Disassemblierungszwischenstufen. Zu vermuten wäre auch, dass es sich um substratabhängige Transportkomplexklassen handelt. Dagegen spricht, dass (soweit es die Qualität der Gele zulässt) keine Unterschiede bei den verschiedenen Substraten sichtbar und in der Kontrolle diese Komplexe stark vermindert sind.

Um diese Spekulationen zu untermauern und zu klären, ob es sich um Transportkomplexe handelt, können einzelne Untereinheiten mittels Western-Analyse identifiziert werden. **Abb. 41** zeigt dies in einer Zusammenfassung. Der Transfer einer 2. Dimension einer TPT-Import-Replikation auf eine Nitrocellulosemembran stellt die Grundlage für die Detektion. Die unterschiedlichen Signale der einzelnen Nachweise sind in verschiedenen Falschfarben dargestellt, da im Sinne der Zuordenbarkeit nur eine Membran verwendet ist. Diese wird im Anschluss an jede Detektion „gestrippt", d.h. die Antikörper werden von der Membran gelöst. Abb. 41B zeigt die Membran nach den Detektionen gefärbt mit kolloidalem Silber (5.3.16.3). Das Muster entspricht ungefähr der Silberfärbung des Gels, wobei Proteine mit geringer Abundanz z.T. fehlen. Dies kann entweder durch Unterschreiten der Detektionsgrenze der Färbung oder durch das wiederholte Antikörperablösen bedingt sein. Mittels Bildbearbeitung sind die einzelnen Detektionen mit der korrespondierenden Gesamtproteinfärbung übereinandergelegt um das Signal dem jeweiligen Proteinspot zuzuordnen. Die nur befriedigende Qualität der primären Antikörper und der Detektionsreaktion reicht nur für die Identifizierung von prominenten Proteinspots. Trotzdem können einzelne Proteinuntereinheiten der hochmolekularen Transportkomplexe aufgrund desselben Migrationsverhalten von niedermolekularen und abundanten Komplexteile zugeordnet werden. Diese Zuordnung setzt voraus, dass zusätzlich zu den Transportkomplexen hochmolekularer Bauweise kleinere Teilkomplexe existieren, die z.B. unbeteiligt vom eigentlichen Transport das Grundgerüst dafür zur Verfügung stellen (Assemblierungsvorstufen).

Das Signal der Toc75-Untereinheit zieht sich in einem vertikalen Schmier quer über das Bild. Das entsprechende Proteinmuster im Gel legt nahe, dass Toc75 keine Untereinheit der Transportintermediate rund um den K920 ist. Ein vergleichbares Muster gibt die Detektion von Toc159A Antigenen wieder, welche ähnlich Toc75 vertikal in Höhe von ca. 150 kDa schmieren. Toc34 verhält sich ähnlich und zeigt einen Schmier bei ca. 30 kDa vor allem im Bereich und rechts der Rubisco. Im Gegensatz zu Toc75 und Toc159 aber migrieren Proteinsignale von Toc34 in derselben Höhe als Untereinheiten der Komplexe K9x. Dieser Befund deckt sich mit den Ergebnissen aus dem Import von Toc34 (Abb. 22) und des „antibody-shift" Experimentes (Abb. 37).

4 Ergebnisse

Die mit dem αTic110 detektierten Signale entsprechen zwei abundanten Proteinspots im passenden Größenbereich (110 kDa) des Proteins. Die entsprechende Größe des nativen Komplexes (~ 200 kDa) entspricht der bisher erfahrenen Tic110-Komplexgröße (vergl. Abb. 22). Für die Detektion des Tic110-Komplexes spricht die Breite, bzw. Höhe der Proteinbande in der 1. Dimension und evtl. auch eine von (Abb. 22) verschiedene Lauflänge und Gelmatrix. Dagegen spricht die hohe Unspezifität des Tic110 Antikörpers. Des Weiteren scheint Tic110 auch nicht Teil der K920er Komplexe zu sein, da hier kein entsprechendes Signal in der Silberfärbung des Gels zu finden ist. Eventuell liegen die Tic110-Proteine auch unterhalb der (u.a. vom Antikörper abhängigen) Detektionsgrenze vor.

Der Tic40 Antikörper detektiert nur einen Proteinspot von ca. 43 kDa Größe, welcher auch Teil des Pk10, K920, Pk9 und Pk8.5 ist. Dies entspricht dem Muster aus dem Import von Tic40 (Abb. 22), wobei die Signale im Bereich <400 kDa eher schmieren als distinkte Banden zeigen.

Eindeutig lässt sich der schon vermutete „cpn60" Komplex identifizieren. Das Signal der immunologischen ECL-Detektion migriert bei ca. 60 kDa als charakteristische Doppelbande und in der bereits bekannten Höhe als nativer Proteinkomplex von ca. 700 kDa (Molik et al., 2001). So kann die K700-Bande auch als plastidärer Hsp60-Komplex benannt werden.

Das Substrat ist aufgrund seines His-Tags vom endogenen TPT zu unterscheiden. Es migriert als Vorläuferprotein bei ca. 30 kDa, was etwas niedrig für dieses Protein ist. Evtl. handelt es sich hier um eine Verzerrung durch den Marker, welcher schneller in das Sammelgel eintritt, als die Proteine aus dem Gelstreifen der 1. Dimension. Dies ist auch für die anderen detektierten Proteine zu erkennen, welche ebenfalls „unter ihrer Größe laufen". Ein reifes TPT lässt sich ebenfalls nicht nachweisen, was eventuell an der geringen Menge dieser Proteinform liegt. So ist in Abb. 35 ebenfalls nur sehr wenig reifes TPT nachzuweisen. Vertikal (1. Dimension) migriert TPT höchstwahrscheinlich mit dem K920 und vermutlich einem Komplex mit sehr geringem Molekulargewicht. Eventuell handelt es sich auch um TPT, welches unkomplexiert, vielleicht als Dimer in der Membran vorliegt und noch nicht gereift ist.

Die Detektion einzelner TocTic-Untereinheiten bekräftigt die Vermutung, dass die auffälligen Proteinspotmuster links der Rubisco Transportkomplexe sind. Dabei bilden die Toc-Untereinheiten Toc159 und Toc75 wahrscheinlich von dem K920 zu unterscheidende Komplexe, wobei eine Beteiligung aufgrund des „schmierigen" Charakters nicht ausgeschlossen werden kann. Toc34 stellt möglicherweise ein Bindeglied zwischen jenem

4.5 Identifikation der Transportintermediate

„Toc75&159" Komplex und dem K920 Komplex dar, da er hier als deren Untereinheit eindeutig zu sehen ist, aber bisher als Bestandteil des soweit bekannten „Toc-Komplex" beschrieben ist. Eingehendere Untersuchungen sind daher nötig, um diese Zweideutigkeit zu klären. Auch Bestandteil der K920er Komplexe ist Tic40, wie die Importe von Tic40 zu vermuten ließen. Tic110 dagegen assembliert höchstwahrscheinlichen in einem davon unabhängigen Komplex.

Die interessante Natur der Pk10, Pk9er, K920 und K9x Komplexe ist in der Abb. 42 zusammengestellt. Die einzelnen Spots sind gezählt und ihr Molekulargewicht mittels Interpolation der Größenstandards der 2. Dimension berechnet. Es lassen sich hierin viele bekannte Untereinheiten aufgrund ihrer Größe vermuten. Anhaltspunkte geben Chen & Li in ihrer Arbeit, in der sie u.a. in einem 1320 kDa großem Komplex auch Hsp93, Hsp70 und auch

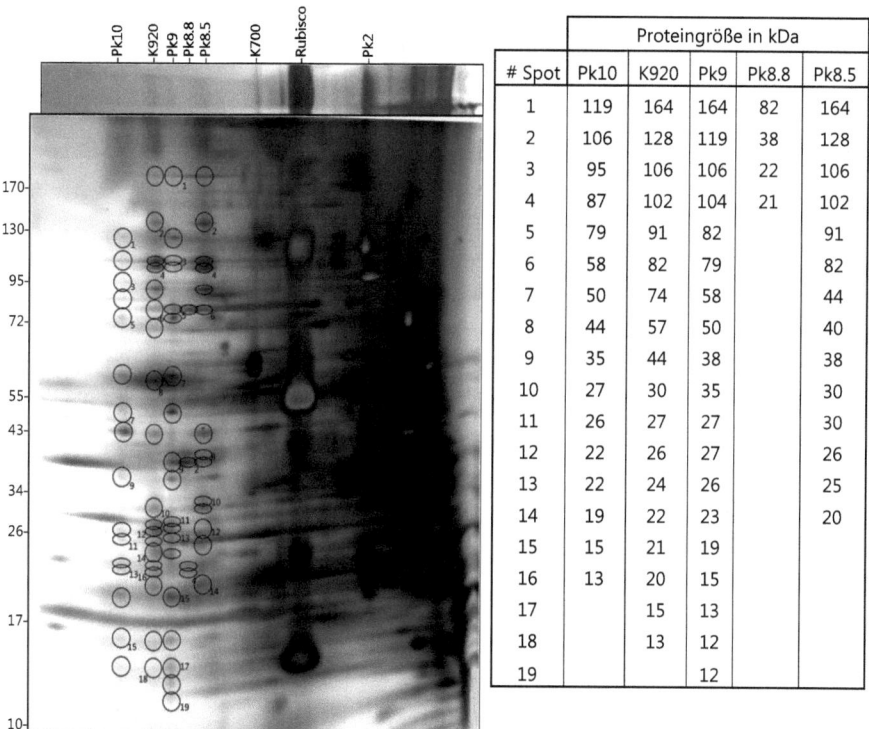

# Spot	Proteingröße in kDa				
	Pk10	K920	Pk9	Pk8.8	Pk8.5
1	119	164	164	82	164
2	106	128	119	38	128
3	95	106	106	22	106
4	87	102	104	21	102
5	79	91	82		91
6	58	82	79		82
7	50	74	58		44
8	44	57	50		40
9	35	44	38		38
10	27	30	35		30
11	26	27	27		30
12	22	26	27		26
13	22	24	26		25
14	19	22	23		20
15	15	21	19		
16	13	20	15		
17		15	13		
18		13	12		
19			12		

Abb. 42 Berechnungen der Molekulargewichte ausgesuchter Proteinspots der TPT-2D-Gelanalysen.
Mittels eines Gelanalyseprogrammes wurden für markante Proteinspots die relativen Molekulargewichte auf Grundlage der Laufstrecke und der bekannten Größen der SDS-PAGE-Markerproteine berechnet (5.4.1). Die Proteinspuren sind dabei von links nach rechts nach den Komplexkennungen und von oben nach unten (#Spot) nummeriert.

4 Ergebnisse

Tic110 nachweisen konnten (Chen and Li, 2007). So finden sich in Abb. 42 sehr deutlich in K920 und Pk7.5 Proteinsignale in Größe von ca. 100 kDa wieder, was den Hsp93 entsprechen könnte. Des Weiteren findet sich in Pk9 auch Proteinsignale um die 74 kDa wieder, was den Hsp70-Proteinen entsprechen könnte. In der Arbeit von Chen & Li wurde die BN-PAGE als Analyse-Werkzeug benutzt, weswegen deren Komplexe auch weniger gut aufgelöst sind und der Vergleich damit nur spekulative Aussagen ermöglicht. Weitere Spekulationen über die Proteinuntereinheiten von K920, Pk9x und anderen Komplexen sind in der Diskussion im Kapitel 4.2.1 zu finden.

Zusätzlich veranschaulicht die Betonung der Proteinspots, dass die Komplexgröße nicht von der Zahl der Untereinheiten abhängt. Pk10 ist der größte Komplex und enthält weniger Untereinheiten als K920 und Pk9. Teilweise beinhalten sie auch dieselben Untereinheiten. Des Weiteren lässt sich über die Funktion als Proteintransporter auf eine Komplexgestalt schließen, die umrahmt von Membranen in ihrem Inneren Proteinsubstrate transportiert oder besser tunnelt. Dabei spielt das Tunnelvolumen wahrscheinlich eine maßgebliche Rolle, welches über unterschiedliche Konformationen, Art und Anzahl der Komplexuntereinheiten generiert werden kann.

4.5.3 Erweiterte Aufarbeitung der am Proteintransport beteiligten Komplexe

Die Aufarbeitung der Transportkomplexe in 4.5.2 stellt einen guten Kompromiss zwischen Aufwand und Ergebnis dar. Durch Kombination einer „einfachen" Hüllmembranpräparation mit zweidimensionaler Gelelektrophorese wird eine zufriedenstellende Reinheit der Transportkomplexe mit einem Molekulargewicht >600 kDa erreicht. Diese Methode stößt bei der Aufarbeitung der kleineren Transportintermediate an ihre Grenzen, da hier Überlagerungen der Proteinsignale mit Nichttransportkomplexproteinen zu erwarten sind. Deswegen wird zusätzlich eine alternative Präparationsmethode benutzt, die die Aussagekraft der Transportkomplexisolierung erhöhen soll.

Mittels Immunpräzipitation können Protein-Protein-Interaktionen nachgewiesen werden. Dabei wird an einem bestimmten Protein, welches in einem Komplex vermutet wird, „gezogen" und aufgrund von nativen Pufferbedingungen werden mittels nichtkovalenten Wechselwirkungen daran bindende Proteine ebenfalls mitgezogen. So wird eine Trennung zwischen ursprünglicher Probe und Zielprotein und –anhang erreicht. In dem vorliegenden Fall (**Abb.** 43) wird dafür das C-terminale StrepII-Tag des Transportsubstrates tpTPT als „Anker" benutzt, welcher während des Aufreinigungsschrittes selektiv an Streptactin-

4.5 Identifikation der Transportintermediate

Sepharose© bindet. Für diese Prozedur werden aber keine Antikörper (die Strep-Tag/Strep-Tactin Interaktion beinhaltet keine immunologischen Komponenten) benutzt, weswegen der englische Begriff „pull down" folgend verwendet wird. Dies ist der erste Schritt der Aufreinigung auf den eine zweidimensionale elektrophoretische Analyse folgt. Zusammengefasst wird dies daher als dreidimensionale (3D) Analyse bezeichnet. Ausführlich ist dieser Schritt im Methodenkapitel (5.3.19) dargelegt.

Das Transportsubstrat tpTPT ist radioaktiv markiert und kann daher über die verschiedenen Schritte verfolgt werden. Ein Aliquot des Importes zeigt K920 und K700. Nicht an die Sepharosematrix gebundene Proteine sind als Durchfluss gezeigt. Es finden sich die prominenten Signale von Rubisco und Photosystem I wieder (A2), die Radiosignale von K700 und K920 jedoch nicht (A1). K700 findet sich in der Präzipitation wieder, d.h. dass die Signale dieses Komplexes von tpTPT_EGFP_StrepII herrühren und dass dieses Transportsubstrat sich in einem Komplex mit K700 befindet. Aufgrund der im vorigen Abschnitt erfolgten Analysen ist bekannt, dass es sich dabei um den cpn60 Komplex handelt. Durch das Übereinanderlegen

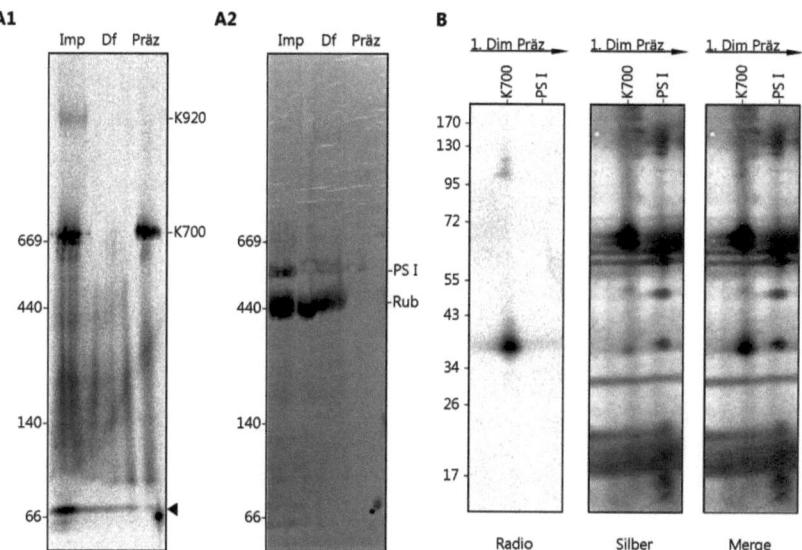

Abb. 43 „3D-Analyse" der Proteintransportkomplexe in den Hüllmembranen des Chloroplasten. Standardproteinimport (20x) unter ATP-Depletion von Transportsubstrat tpTPT mit C-terminalen Strep-Tagg, synthetisiert in hocheffizientem Weizenkeimextrakt (Ref) mit ^{35}S-Methionin. Ein Aliquot (Imp) davon wurde abgenommen. Umfassende Präzipitationsprozedur zu finden unter (5.3.19). Nach Solubilisieren der Importchloroplasten in Lysepuffer mit 1,5% Digitonin wurde diese Lösung mit 50µl Streptactin®-Sepharose versetzt und für 1h bei konstanter Bewegung bei Raumtemperatur inkubiert. Nach Pelletieren der Sepharose wurde ein Aliquot des Überstandes abgenommen (Df), das Präzipitat mehrfach mit Waschpuffer gewaschen. Die gebundenen Proteinkomplexe wurden mit 2mM Desthiobiotin im Elutionspuffer von der Matrix gelöst (Präz). Aliquots von Import (Imp), Durchfluss (Df) und Präzipitat (Präz) wurden mit hrCN-PAGE (**A1** Radioexposition, **A2** Coomassiefärbung) aufgetrennt. Die Spur der Eluatprobe wurde nach nativer Auftrennung denaturierend elektrophoretisch aufgelöst (**B**), silbergefärbt (Silber), radiosensitiv exponiert (Radio) und diese beiden Bilder übereinander gelegt (Merge).

der Silberfärbung und der Radioexposition der 2. Dimension ist klar zu erkennen, dass tpTPT sich in einem Komplex mit den Hsp60-Proteinen befindet (**Abb. 43B**).

Der K920-Komplex befindet sich weder im Durchfluss noch im Präzipitat. Entweder befindet sich das Transportsubstrat im Inneren von K920, womit das StrepTagII nicht für die Streptactinmatrix erreichbar ist. Oder dieser Transportkomplex ist während der Präparationsprozedur zerfallen und hat tpTPT freigegeben, sodass er und evtl. „Trümmer" nicht detektierbar sind. Da es in beiden Fraktionen nicht zu sehen ist, kannt es sich wahrscheinlich auch um eine Kombination der beiden Erklärungen handeln.

Der „pull down" des Transportsubstrates und an ihm gebundene Proteine ermöglicht festzustellen, dass die Radiosignale eindeutig vom Transportsubstrat stammen. Zweitens können damit alternativ zu 4.5.2 Transportkomplexe präpariert werden und drittens kann durch die Unterscheidung Bindung/Nichtbindung abgeleitet werden, wo sich der C-Terminus in diesem Komplex befindet. Für weitere Untersuchungen ist auch eine Kombination mit einer Hüllmembranpräparation vorstellbar.

Zusammenfassung Der deutlich auf yS_ATP-Inkubation während der Importreaktion reagierende K920-Komplex enthält höchstwahrscheinlich Toc34. Dies konnte mit zwei unabhängigen Methoden nachgewiesen werden. Des Weiteren könnte er auch Tic40 enthalten, wie Western-Analysen zeigen. Darüber hinaus enthält K920 ca. 18 Proteinuntereinheiten, darunter anscheinend Hsp70-Homologe und vermutlich auch Hsp93, sowie Toc12 und Tic20. Für K920 konnte auch über nichtradioaktive Nachweise gezeigt werden, dass er bei der Importreaktion ein Transportsubstrat enthält. Deswegen konnte das radioaktiven Signal aus Kapitel 4.4 der zweidimensionalen Auftrennung mit Gesamtproteinfärbung zugeordnet werden. Für weitere in dem Größenbereich von K920 existierende Proteinkomplexe der Chloroplastenhüllmembran konnte keine Substratinteraktion gezeigt werden, weswegen für diese in der zweidimensionalen gelelektrophoretisch auftretenden Komplexe eine andere Nomenklatur verwendet wurde. Auch Pk10 und Pk9 enthalten sehr viele Untereinheiten, erstaunlich dabei ist, dass der kleinere Pk9 (ca. 900 kDa) wahrscheinlich aus mehr Untereinheiten zusammengesetzt ist, als Pk10 (ca. 1000kDa). Die Komplexe Pk10 und Pk9, sowie K920 und Pk8.5 besitzen z.T. gleiche Untereinheiten. Dies lässt ein enges Zusammenspiel, wahrscheinlich als Assemblierungszwischenstufen oder zyklische Teilschritte des gesamten Transportprozesses vermuten.

5 Diskussion

Im Folgenden wird der theoretische Unterbau für eine wissenschaftliche Betrachtungsweise des Untersuchungsgegenstandes dargelegt. Dies ist die Basis für die Diskussion, welche ab 5.1 zu finden ist.

In der Wissenschaft werden zur Erklärung der Wirklichkeit Modelle erstellt. Diese Abbildungen haben eine große Bedeutung im wissenschaftlichen Erkenntnisprozess, da sie komplexe und unüberschaubare Sachverhalte vereinfachen und sie so einer Anschauung zugänglich machen. Weitere Merkmale solcher Modelle sind zum einen ihre Nützlichkeit, d.h. sie werden zu einem bestimmten Zweck eingesetzt. Zum anderen müssen Modelle valide sein, da sie sonst zu Schlüssen führen würden, die ihrer Nützlichkeit widersprechen. Erdachte (fiktive) Modelle können durch Methoden der Idealisierung oder Konstruktion helfen, reale Eigenschaften, Beziehungen und Zusammenhänge aufzudecken und damit praktisch beherrschbar zu machen. So können auch auf real existierende Objekte die Mittel der theoretischen, besonders der mathematisch-empirischen Analyse angewendet werden.

Die dadurch gewonnen Erkenntnisse auf die Wirklichkeit zu übertragen, reißt die Grenze zum Philosophischen, da sie u.a. mit dem Subjekt und dem Wahrheitsbegriff spielen. So ist die wissenschaftstheoretische Sicht unbestritten, dass jedes Experiment und jede Beobachtung in den empirischen Wissenschaften von der Fragestellung und von der Versuchsordnung abhängt. Jede Beobachtung ist damit theoriebasiert. Der Einfluss des Experimentators auf die Versuchsanordnung bestimmt schon vor der Analyse, welche Ergebnisse möglich sind und welche nicht.

In der Geschichte wandelte sich der Wahrheitsanspruch wissenschaftlicher Behauptungen, u.a. auch geprägt durch die jeweilige soziokulturelle Einbettung. Mal reichten dafür empirisch belegte Einzelbeobachtungen aus (induktive Methode), verbessert wird dieser Ansatz durch Nachprüfung der Behauptung durch Versuch und Irrtum (deduktive Methode). Parallel dazu wurde die Erkenntnis an sich eingeschränkt gegenüber einem allgemeinen Begriffsinhalt als Ergebnis der empirischen Forschung aufgefasst. Als „Wissen" wurde daher vor allem die auf Platon zurückgehende Begriffsbestimmung: „Wissen ist wahre, begründete Meinung." verwendet. Eine Meinung ist dabei eine Ansicht, Einstellung oder Überzeugung, die ein Mensch zu einem Sachverhalt gewonnen hat. Dabei werden Erfahrungen oder bestehende Kenntnisse eingesetzt, um den Sachverhalt beurteilen zu können.

5 Diskussion

Da die Wahrhaftigkeit einer Meinung nach erkenntnistheoretischen Aussagen (Albert, 1991; Popper, 2002) nicht nachgewiesen werden kann, oder anders, dass es grundsätzlich keine endgültig gesicherten Erkenntnisse gibt, stellen die Meinungen Theorien oder Hypothesen dar, die sich durch Empirie und Logik bewährt haben. Erkenntnisse sind demnach immer vorläufig, bis eine neue oder eine modifizierte Theorie die Beschreibung des Modells verbessert. Somit muss versucht werden, durch eine umfassende kritische Prüfung der Aussagen über ein Modell die Erkenntnisse und den Wissensgehalt einer Überprüfung zu unterziehen – sie an der Realität scheitern oder sich bewähren zu lassen und somit der (objektiven) Wahrheit vielleicht ein Stück näher zu kommen.

Eine Hilfe dabei stellt das Rasiermesser von Ockham dar, welches auch als Suchstrategie angesehen werden kann. Dieses Sparsamkeitsprinzip der Wissenschaftstheorie verlangt, dass von mehreren Theorien, die die gleichen Sachverhalte erklären, die einfachste (kürzeste) allen anderen vorzuziehen ist und dass eine Theorie im Aufbau der inneren Zusammenhänge möglichst einfach zu gestalten ist. Dies vermeidet, dass unnötige Hypothesen produziert werden oder mehrere Annahmen einzuführen sind, wenn wenige oder eine Annahme zur Erklärung genügen. Liefern mehrere Theorien eine Erklärung in gleicher Tiefe, kann diese bevorzugt werden, die das Modell am einfachsten und umfassendsten erklärt.

5.1 Methodendiskussion

Eine Diskussion der verwendeten Methoden dieser Arbeit gestattet es, den Rahmen der möglichen Aussagen eines Ergebnisses abzustecken. Wenn die Grenzen einer Methode bekannt sind, werden Ergebnisinterpretationen leichter und präziser. So wird mit einer Methodendiskussion der Grundstein für die Modellierung des Untersuchungsobjekts gelegt.

5.1.1 Präparierte Chloroplasten als *in vitro* Modell

Mit der Methode des *in vitro* Proteinimportes in isolierte Chloroplasten kann sozusagen „im Reagenzglas" die Proteinimportmaschinerie des Chloroplasten untersucht werden (Abb. 5). Im Gegensatz zu *in vivo* Untersuchungen, bei denen im lebenden Organismus geforscht wird, stellen *in vitro* Experimente organische Vorgänge dar, die außerhalb eines lebenden Organismus analysiert werden. Daher können *in vitro* Experimente nur einen Teil der *in vivo* ablaufenden Prozesse und Mechanismen „nachbilden", was die Aussagekraft der *in vitro* Relevanz etwas absenkt. Dafür sind *in vitro* Modelle meistens einfacher zu analysieren

5.1 Methodendiskussion

und besitzen weitere Vorteile, wie z.b. größere Skalierbarkeit und höhere Reproduzierbarkeit durch bessere Kontrolle der experimentellen Parameter.

Bei der *in vitro* Importreaktion befinden sich Chloroplasten in Suspension, ähnlich dem Zustand in der Pflanzenzelle. Nur diffundieren die Chloroplasten im Zytosol nicht frei, wie ein vergleichbarer idealisierter Körper in Suspension, sondern ihre Bewegung hier ist gerichtet, koordiniert durch das Zytoskellet (Takagi et al., 2009). Dies ist im Grunde genommen der wichtigste Unterschied zwischen beiden Systemen: auf der einen Seite gerichtete Bewegung (fast) aller beteiligter Komponenten, auf der anderen Seite „freie" Diffusion der auf den Proteintransport am Chloroplasten reduzierten Komponenten. Mittels dieser Reduktion wird ein Teil der fehlenden Koordination wieder kompensiert. Auch kann damit die schon erwähnte Reproduzierbarkeit gewährleistet werden. Nichtsdestotrotz kann so z.b. eine ß-actin vermittelter Vorläuferproteintransport zum Chloroplasten (Jouhet and Gray, 2009) kaum eine Grundlage der Ergebnisinterpretation sein. Ein weiterer gewichtiger Unterschied stellen die Komponenten des Translationssystems dar. Aus verschiedenen Gründen (5.1.5) wird Kaninchen-Retikulozytenlysat verwendet, was sich etwas in der Zusammensetzung vom pflanzlichen Translationssystem unterscheidet. Das Translationssystem mag eine gute Entsprechung für den (putativen) zytosolischen „Ribosomenpool" darstellen, Ribosomen am Chloroplasten werden aber nicht ersetzt, bzw. genutzt. Dies kann für einige Proteine falsche Transport- und Sortierungsergebnisse produzieren, da sie über einen nicht-nativen Weg geleitet werden.

Darüber hinaus beeinflusst vor allem die Qualität der Chloroplastenpräparation das Ergebnis. Um die Chloroplasten für eine *in vitro* Importreaktion zur Verfügung zu haben, müssen sie aus der Zelle befreit und mit denen sie verbundenen Zellstrukturen abgelöst werden. Schon diese Prozedur kann die Chloroplastenhülle beschädigen und die Transportkomplexe inaktivieren oder entfernen. Zusätzlich können während der Isolationsprozedur auftretende Scherkräfte oder eine unverhältnismäßig hohe Anzahl von Grenzflächen (Schaum) die Hüllmembran von Chloroplasten lädieren. Um Chloroplasten zu isolieren, die möglichst intakt sind und so falsche Ergebnisse auszuschließen und die Reproduzierbarkeit zu erhöhen, wurden in dieser Arbeit der Einfluss von Reduktionsmitteln während des Aufschlusses und die Qualität von BSA während des Importes untersucht (3.3.1). Zusätzlich dazu wurde das ursprüngliche Präparationsprotokoll (Janssen, 2005) auf Organellintaktheit optimiert. Die im Abschnitt 4.1.1 dargelegten Ergebnisse der Darstellung des Proteinimportes mittels denaturierender Darstellung zeigen, dass diese Methode durch den Experimentator sicher beherrscht wird. Der Vergleich mit Importdarstellungen anderer Arbeitsgruppen

5 Diskussion

(Firlej-Kwoka et al., 2008) halten sie stand. Die Chloroplastenpräparationen zeigen durchweg reproduzierbare Importergebnisse, die sich damit untereinander vergleichen lassen.

Die Ergebnisse der *in vitro* Importe treffen Aussagen über die Transportvorgänge von isolierten Chloroplasten in Suspension. Die dabei beteiligten Transportkomplexe können bei der Initiation verschieden zur *in vivo* Situation sein, nachfolgende Komplexe der Transportkette sollten aber mit hoher Wahrscheinlichkeit dieselben wie im *in vivo* Chloroplasten sein. Gänzlich veränderte Transport- und Sortierverhalten durch fehlende Signale, wie z.B. Phosphorylierungen können zwar nicht ausgeschlossen werden. Jedoch werden für eine substratabhängige Beteiligung unterschiedlicher Transportkomplexe eher schwerwiegendere Eigenschaften, wie. z.B. Hydrophobizität und intraplastidäre Lokalisierung entscheidend sein. So stellt der *in organello* Import die Methode der Wahl für die Analyse Transportkomplexe im Chloroplasten dar.

5.1.2 Solubilisierung von Membranproteinkomplexen

In der Chloroplastenhülle finden sich besonders Galaktolipide wieder, welche Galaktose als polare Kopfgruppe besitzen (Dormann and Benning, 2002). Lipide bilden aufgrund ihrer Struktur in biologischen Systemen bevorzugt Doppelschichten, bei denen die hydrophoben Schwänze sich zueinander ausrichten und die polaren Kopfgruppen in die wässrige Phase reichen. In diese Membranstrukturen integrieren sich Proteine mittels der hydrophoben Seitenketten einiger ihrer Aminosäuren. Dabei bleiben sie nicht fest an einer Stelle innerhalb der Membran, sondern können sich nach dem Flüssig-Mosaik-Modell meist lateral frei bewegen. Die Weiterentwicklung dieser Theorie, das *lipid raft* Modell, schränkt die Freiheit der Bewegung der Proteine in der Membran ein und weißt sogenannte lokale Ordnungen aus (Engelman, 2005).

Detergentien können Membranproteine aus der Membran herauslösen, da sie aufgrund ihrer Ähnlichkeit zu den Lipiden auch geschlossene hydrophobe Räume ausbilden können. Sie dringen in die Membranen ein und lagern sich an Membranproteine an. Aufgrund der kürzeren Schwanzlänge der hydrophoben Einheit bilden sie jedoch vermehrt Micellen-artige Strukturen um die Membranproteine, was zu einer Abgrenzung der Protein-Detergenz-Struktur von der Lipid-Doppelschicht führt. Dabei sollten die Detergentien im Überschuss verfügbar sein, um alle hydrophoben proteinogenen Bereiche abzudecken. Aufgrund der Ähnlichkeit von Detergentien und Lipiden enthalten die Micellen um ein Membranprotein oft auch Lipide der ursprünglichen Membran.

5.1 Methodendiskussion

Die Solubilisierung von Membranproteinen mittels nichtionischer Detergentien ist eine relativ milde Methode, um Membranproteine zu isolieren. Nichtkovalente Wechselwirkungen zwischen Proteinen, wie z.b. elektrostatische Interaktionen, Wasserstoffbrücken und hydrophobe Wechselwirkungen können erhalten bleiben. Je nach eingesetztem Detergenz können so mehrere < MDa große hydrophobe Proteinkomplexe isoliert werden. Dabei werden bei optimierter Solubilisierung durch den Einsatz von Detergentien keine neuen Proteininteraktionen geschaffen. Es können dadurch keine falsch positiven Protein-Interaktionen erzeugt werden, abhängig vom eingesetzten Detergenz würden höchstens Interaktionen aufgehoben werden (also falsch negative Ergebnisse erzeugt werden). Gänzlich ausgeschlossen werden können falsch positive Interaktionen durch Evaluierung der optimalen Konzentration und Beschaffenheit der Detergentien (Schimerlik, 2001).

Der Erhalt von Protein-Protein-Wechselwirkungen bei Solubilisierung wird natürlich auch durch die Stärke der Wechselwirkung bestimmt. So besitzen Proteinkomplexe, die Zeit ihres „Lebens" zusammen im Verbund bleiben, wie z.B. die Proteine des Rubiscoholokomplexes, eine höhere Affinität zueinander und damit stabilere Protein-Protein-Wechselwirkungen, als die transienten (vorübergehenden) Interaktionen beim Proteintransport zwischen Substrat und Transporter. Diese dürfen hier auch nicht zu hoch sein, da ein schnelles Binden und Lösen gewährleistet sein muss. Deshalb sind solche Wechselwirkungen eher schwacher Natur und benötigen zuvorderst eine sehr milde Solubilisierung und Auftrennungsbedingungen, damit diese Interaktionen sichtbar gemacht werden können. Die milde Solubilisierung wird mit Digitonin erreicht, welches allgemein als das mildeste und gängigste Detergenz bekannt ist. Das Experiment aus **Abb. 20** veranschaulicht diese Einschätzung. Digitonin zeigt über einen großen Konzentrationsbereich keine Abhängigkeit der Intermediatdarstellung. Auch sind generell mehr Banden im höhermolekularen Bereich sichtbar, was für einen guten Erhalt der Proteinkomplexe aus der Membran spricht. Dodecylmaltosid dissoziiert generell mehr Komplexe, wahrscheinlich weil der hydrophobe Schwanz im Gegensatz zu Digitonin kleiner ist. Der daraus abzuleitende Micellendurchmesser bei der Solubilisierung ist kleiner als eine Hüllmembran dick ist, kann daher weniger dem nativen Zustand entsprechen und die Proteinkomplexe stabil halten.

5.1.3 Native Gelelektrophorese

Neben der Solubilisierung werden in dieser Arbeit auch Detergentien während und für die native Gelelektrophorese benutzt. Dabei kommt ihnen die Aufgabe zu, den Proteinen in Lösung eine einheitliche Ladung zu geben, damit sie alle im elektrischen Feld in einer

5 Diskussion

Richtung (zur Anode) bewegt werden können. Proteine besitzen unterschiedliche Ladungen, die sich in Abhängigkeit vom pH-Wert des Gelsystems aufsummieren. Proteine, die einen isoelektrischen Punkt unterhalb davon besitzen, weisen dann eine negative Ladung auf. Sie würden ohne zusätzliche Ladungsvermittler im elektrischen Feld der Gelelektrophorese migrieren. Besitzen Proteine (-komplexe) einen pI oberhalb des pH-Wertes des Gelsystems brauchen sie zusätzliche Ladungsvermittler, sonst würden sie im elektrischen Feld zur Kathode strömen, also nicht in die Polyacrylamidmatrix.

Diese Funktion der Ladungsvermittlung wird in dieser Arbeit von einem „Detergenzduo" erledigt (Abschnitt 4.1.4 & 4.2). Dodecylmaltosid und Desoxycholat sind dabei zwei sehr unterschiedliche Detergentien, die sich in diesem System ergänzen. Desoxycholat ist ein Derivat des tierischen Membranbestandteils Cholesterin. Es besitzt im Unterschied zu Cholesterin eine Carboxylgruppe, die einen sehr niedrigen pKa (~1,3) besitzt und so auch die Löslichkeit in neutralen Puffern erhöht. Ein weiterer Effekt der Carboxylgruppe beruht auf deren negative Ladung bei neutralem pH. Im Verbund werden die Detergentien als Ladungsvermittler eingesetzt, DOC unterhalb seiner kritischen Mizellenkonzentration (10 mM), DDM überhalb der CMC (0,017 mM). Dabei entstehen höchstwahrscheinlich Mischmizellen, die über hydrophobe und elektrostatische Wechselwirkungen an Proteine assoziieren und ihnen so eine negative Nettoladung „aufdrücken".

Ein zentraler Punkt dieser Arbeit ist die Nativgelelektrophorese. Die sonst verbreitete *blue native* PAGE wird nicht benutzt, da sie höchstwahrscheinlich inkompatibel zu den zu analysierenden Proben ist (Abb. 11, Abb. 15). Die Inkompatibilität beruht voraussichtlich auf den Eigenschaften des dort verwendeten Ladungsvermittlers Coomassie G-250. Die *blue native* (BN) PAGE begann ihren Siegeszug mit der nichtdenaturierenden Analyse von mitochondriellen Atmungskettenkomplexen (Schagger and von Jagow, 1991). Beim Vergleich der Lipidzusammensetzung von Plastiden und Mitochondrien fällt deren grundverschiedene Natur deren Membransysteme auf. Während Plastiden vorrangig aus Galaktolipiden aufgebaut sind, bestehen mitochondrielle Membranen überwiegend aus Phospholipiden. Die Unterschiede im Detail machen dabei die Kopfgruppen der Lipide aus. Die Galaktose der Galaktolipide besitzt fünf Hydroxylgruppen, deren Polarität und Dipolmoment nicht die von Phosphatgruppen der mitochondriellen Lipide erreichen. Es ist zu anzunehmen, dass die Proteinkomplexe in den Mitochondrienmembranen den Einfluss dieser nichtkovalenten Wechselwirkung tolerieren können. Da das Coomassie G-250 Sulfonylgruppen und ein tertiäres Amin enthält, welche in ihrer Polarität (Dipolmoment) unter denen der Phosphatgruppen liegen, führen Interaktionen der mitochondriellen Proteine mit Coomassie nicht zu

5.1 Methodendiskussion

einer vermehrten Auflösung von nichtkovalenten Protein-Proteinwechselwirkungen (Abb. 12). Im anderen Fall, bei den Plastiden, sind die Membranproteine eher geringe Polaritäten und Dipolmomente „gewohnt", d.h. dass Coomassie wahrscheinlich vermehrt nichtkovalente Protein-Protein-Wechselwirkungen überlagert, was zur Auftrennung von (transienten) Proteinkomplexen führen kann (Abb. 15). Deshalb ist wahrscheinlich der Einsatz der DDM/DOCKombination besser für plastidäre Membranproteine geeignet. Denn die hier auftretenden Polaritäten haben den Galaktose-Kopfgruppen ähnliche Dipolmomente, was mit einer „milderen" Auftrennung veranschaulicht werden kann. Damit kann der Vorteil des Erhalts (der Darstellung) von Transportintermediaten mittels hrCN- und HDN-PAGE erklärt werden.

Eine bessere Auflösung als die hrCN-PAGE erreicht die HDN-PAGE durch Verwendung eines diskontinuierlichen Puffersystems. Dieses auch Multiphasen-Puffersystem genannte Methodencharakteristikum kann Proteine in der frühen Phase der Elektrophorese sortieren und fokussieren. Dies basiert auf einem elektrochemischen Phänomen, bei dem Unterschiede in der elektrophoretischen Migration von Proteinen und sogenannten „trailing" und „leading" Ionen ineinander spielen. Nachdem Proben auf das Gel geladen sind und der Stromkreis geschlossen ist, wandern aufgrund ihrer Größe und Ladung zuerst die Chlorid-Ionen aus dem Probenpuffer (*leading ion*) ins Gel. Danach folgen die Proteine der Probe und darauf das Histidin (*trailing ion*) aus dem Kathodenpuffer. Dabei werden die Proteine vom Histidin überholt, sodass ein Konzentrations- oder Schichtungseffekt auftritt. Abhängig von der Wanderungsgeschwindigkeit der Proteine werden diese bei gleichem Migrationsverhalten konzentriert. Diese Vorsortierung nach abnehmender Mobilität führt zu einer „extremen" Schichtung, die im weiteren Verlauf der Proteinmigration durch das Gel weitestgehend erhalten bleibt. Dabei entfernen sich aufgrund der ansteigenden Matrixdichte des PAA-Gels die einzelnen Schichten noch mehr voneinander, was letztlich die Auflösung (Abstand zwischen zwei Proteinbanden) bestimmt. Darin besteht auch das Auftrennungsprinzip von kontinuierlichen Gelsystemen, wie z.B. dem hrCN- oder der BN-PAGE. Diese müssen ohne die Vorsortierung und Bandenkomprimierung auskommen, was deren Auflösungseigenschaften herabsetzt.

Die Evaluierung der Eigenschaften der HDN-PAGE (3.2) hat gezeigt, dass es nicht ausreicht, nur eine native PAGE zur Analyse der jeweiligen Proben einzusetzen. Es ist zuvor notwendig, die auf das zu untersuchende System optimale passende Methode zu finden. Dabei spielen unzählige Faktoren, wie z.B. Komplexität der Probe, natürliche Umgebung der zu untersuchenden Proteine usw. eine Rolle. Wichtig ist auch der Ausschluss von falsch positiven oder negativen Signalen, tlw. auch Artefakte genannt, um so die Aussagen über das Modell weiter zu schärfen (z.B. Abb. 19). Diesen hohen Grad der Aussagegüte eines Experimentes wird u.a. durch Komplementation alternativer Methoden erreicht. Deswegen wurden in dieser Arbeit die zwei kompatiblen Methoden hrCN- und HDN-PAGE komplementierend zueinander verwendet, um Vorteile beider Systeme zu kombinieren und damit die Gesamtgüte der möglichen Aussagen aus den Experimenten mit Nativgelen zu erhöhen.

5.1.4 Isolierung von gemischten Hüllmembranen als Methode zur Präparation von Transportkomplexen

Die mittels osmotischem Schock und anschließender differentieller Dichtezentrifugation durchgeführte Präparation von Hüllmembranen ist ein kritischer Schritt bei der Darstellung von Import-(TocTic-)Komplexen. So ist es von entscheidendem Interesse, dass die Hüllmembranen besonders an den Kontaktstellen (*patches*) von Toc- und Tic-Komplex möglichst intakt bleiben während sie beim osmotischen Schock durch das eindringende Wasser vom Stroma und den Thylakoiden „weggesprengt" werden. Die dabei entstehenden Hüllmembranvesikel schließen immer etwas Stroma ein, was an der hohen Rubiscokontamination in der Präparation zu erkennen ist (**Abb. 39**). Dies spricht gleichzeitig für eine korrekte Orientierung der Vesikel, bei denen die äußere Membran auch außen bleibt und nicht bei innen in den Vesikeln eingeschlossen wird. Importexperimente mit isolierten Vesikeln kombiniert mit Proteasverdau der Vesikel und anschließenden Western-Blot-Analysen müssten durchgeführt werden, um diese Vermutung zu bestätigen.

Die **Abb. 34** zeigt das Ergebnis einer solchen Hüllmembranpräparation. Zu erkennen ist dabei, dass zumindest K920 von Spinatchlorplasten stabil genug ist, diese Isolationsprozedur zu „überleben". K750 dagegen verschwindet, was entweder für eine Disassemblierung oder Fraktionierung dieses Komplexes spricht, wobei zumindest das markierte Substrat vom Proteinkomplex getrennt wird. Oder aber dieser Komplex hat schlicht aufgrund der Dauer dieser Präparation das Substrat umgesetzt. Denn bis die Vesikel endlich im Lysepuffer landen und damit die betreffenden enzymatischen Prozesse unterbunden werden können vergeht ungefähr eine Stunde (5.3.5). Da K750 auch nicht durch yS_ATP stabilisiert wird, ist die Theorie der enzymatischen Umsetzung eher denkbar. Dass sich K700 nicht auch entsprechend anreichert, liegt an seiner stromalen Lokalisierung. So dürfte nur wenig cpn60-Komplex über Tic110 oder andere direkt mit der inneren Hüllmembran verbunden sein, vielmehr dürfte es nach Aufnahme des Substrates wieder ins Stroma dissoziieren. Daher sollte bei Spinat die sichtbare Menge von K700 in der Hüllmembranfraktion genau dieser Menge

5.1 Methodendiskussion

cpn60 entsprechen, die gerade gebunden an die innere Hüllmembran zu faltendes Substrat übernimmt. Generell lässt sich feststellen, dass die Chloroplasten aus Spinat besser geeignet zur Präparation von möglichst nativen und damit verbundenen Hüllmembranen sind.

Die Methode der Hüllmembranpräparation mittels osmotischem Schock und differentieller Dichtezentrifugation ist sehr gut für die möglichst native Präparation der Proteintransportkomplexe geeignet, da sie möglichst wenige Schritte beinhaltet und beide Hüllmembranen an ihren Kontaktstellen nicht voneinander trennt. Dies verringert mögliche Fehlerquellen aber auch gleichzeitig die erreichbare Reinheit der Präparation. Der in dieser Arbeit gefundene Kompromiss zwischen Reinheit und Nativität ermöglicht die Darstellung der Transportmaschinenzusammensetzung in fast umfassender Auflösung. Noch tiefer gehende Analysen benötigen höchstwahrscheinlich andere methodische Ansätze, das Potential dieser Methode scheint zwar nicht ausgereizt, aber dennoch optimal eingestellt zu sein.

5.1.5 Welchen Einfluss hat das Synthesesystem der Transportsubstrate auf den chloroplastidären Proteinimport?

Die in dieser Arbeit benutzten Translationssysteme Kaninchenretikulozytenlysat (6.3.2.2) und Weizenkeimextrakt (6.3.2.3) zur Synthese der Transportsubstrate haben leicht unterschiedliche Effekte auf die Importreaktion. So zeigen z.B. in Weizenkeimextrakt synthetisierte Proteine im Vergleich zu Retik. zwar auch Nebenprodukte der Translation, diese werden aber nicht in Chloroplasten importiert (**Abb. 10**). Die Hauptprodukte der Translation zeigen in ihrer Importkompetenz wiederum keine Beeinflussung durch das Translationssystem. Ähnliche Effekte wurden bei Importreaktionen von trunkierten Proteinen in isolierte Mitochondrien beobachtet (Biswas and Getz, 2004). Auch wenn hier ein anderes Importsystem verwendet wurde, spricht es doch für einen tendenziell unterschiedlichen Einfluss auf die Importkompetenz von Transportsubstraten. Wahrscheinlich bestimmen die unterschiedliche Ausgestaltung der Translationssysteme mit molekularen Chaperonen und auch die leicht unterschiedliche Struktur und davon abzuleitende Funktionalität dieser Faltungshelfer zu einem gewissen Maße, natürlich auch abhängig von den jeweiligen Transportsubstrateigenschaften die Transportkompetenz. In der Diskussion sind gegenwärtig dafür z.B. 14-3-3 Proteine und Hsp70-Proteine, welche für den chloroplastidären Import in Komplexierung eine Zustellungsfunktion des Transportsubstrats an den Toc-Komplex besitzen (May and Soll, 2000). Die 14-3-3 Proteine im Retik. sollen nicht mit dem Vorläuferprotein interagieren. Die Importkompetenz von in Retikulozytenlysat synthetisierten Transportsubstraten stellt aber eine allgemeine Interaktion mit 14-3-3

5 Diskussion

Proteinen in Frage. Da nicht bekannt ist, wie sie ihre Funktion genau übernehmen, kann über einen möglichen aber nicht zwingenden Vorsortierungsmechanismus der möglichen Importsubstrate durch die 14-3-3 Proteine spekuliert werden. Weiteren Einfluss auf die „Sortierung" von Transportsubstraten nach ihrer Importkompetenz haben auch diverse Hsp70-Homologe, welche vornehmlich mit dem Transitpeptid interagieren (Ivey et al., 2000; Rial et al., 2000). Vermutlich ist diese Interaktion zwischen pflanzlichen Hsp70-Proteinen und dem Transitpeptid selektiver, d.h. es wird eine festere Bindung erreicht, welche im Zuge der Vermittlung der Transitpeptide an den TocKern-Komplex durch Hsp70 effektiver die Proteintranslokation initiiert.

Ein weiterer Effekt ist, dass in Weizenkeimextrakt translatiertes Protein weniger Transportintermediate in der Importreaktion unter ATP-Depletion zeigt (**Abb. 28**). Besonders deutlich zeigen die Komplexe K750 und K920 eine Beeinflussung. Ein eventuell unterschiedlicher Energiegehalt beider Translationssysteme kann keine hinreichende Erklärung darstellen, da dieser mit der Apyrasebehandlung normalisiert sein sollte. Da K750 wahrscheinlich der Toc-Kernkomplex ist (also von „außen zugänglich ist) und K920 den direkt darauffolgenden Transportteilschritt darstellt (siehe auch 5.2.1), wirken wahrscheinlich auch hier die Komponenten der jeweiligen Translationssysteme auf die Darstellung der Transportintermediate. Dabei wird vermutlich durch die niedrigere Kompatibilität der Faktoren im Retikulozytenlysat zum plastidären Importsystem die Reaktions- und damit Transportgeschwindigkeit der beiden Komplexe herabgesetzt. Unter anderem ist es auch deswegen sinnvoll, Retikulozytenlysat als Standardtranslationssystem zu benutzen, da so die Bildung von Transportintermediaten gefördert wird.

Plausibel erscheint auch die Möglichkeit der Beeinflussung der Transportkompetenz des Substrates durch posttranslationellen Modifikation durch spezifische Faktoren im Synthesesystem, z.B. einer Phosphorylierung von Aminosäuren im Transitpeptid, welche dann vermutlich transportkompetentere Strukturen schafft (Martin et al., 2006). Allerdings konnte bisher weder eine Beeinflussung der Transportkompetenz oder –effektivität, noch eine genauere Sortierung gezeigt werden (Waegemann und Soll, 1996).

5.1.6 Warum ist das Konstrukt tpTPT_EGFP besonders geeignet, den Proteintransport zu untersuchen?

Im Ergebnisteil wurde z.T. schon mit der theoretischen Aufarbeitung der Transporteigenschaften des tpTPT-Konstruktes begonnen (**Abb. 23**). Die zentrale Aussage, die mit den

5.1 Methodendiskussion

TPT-Deletions- und Fusionskonstrukten und von anderen Arbeiten (Clark and Lamppa, 1991) getätigt wird, besagt, dass durch Veränderungen der Aminosäuresequenz C-terminal (10 bis 15 AS) von der SPP-Spaltstelle die Spaltungsreaktion des Transitpeptids beeinflusst wird. Wahrscheinlich wird durch die C-terminale Fusion mit EGFP bei tpTPT_EGFP *et al.* ein Aminosäuremuster erzeugt, welches die Reaktionsgeschwindigkeit aufgrund suboptimaler Ladungsverteilung im reaktiven Zentrum der SPP herabsetzt. Ähnliches wurde für Signalpeptide des thylakoidären TAT-Systems beobachtet (Frielingsdorf and Klosgen, 2007). Die Deletion von geladenen Aminosäuren aus der Region der TPP-Schnittstelle durch Fusion des Signalpeptides des 16 kDa-Proteins mit dem reifen Teil des 23 kDa-Proteins führt zu einer verlangsamten Spaltung des Signalpeptides, während im gleichen Zug Intermediate des TAT-Transportes detektierbar werden.

Um diesen Effekt zu erklären, bedarf es aufgrund unzureichender theoretischer Abhandlungen über enzymkinetischen und thermodynamischen Betrachtungen von Proteintransportmechanismen einen Rückgriff auf die etwas einfacher aufgebaute aber nichtsdestotrotz komplex vernetzten und regulierten Stoffwechselwege; den Metabolismus der Zelle. Denn hier ist der mehrstufige Umsatz von Substrat gut charakterisiert und aufgrund von gemeinsamen Eigenschaften des Proteintransportes und z.b. der Glykolyse lassen sich einige generelle Aussagen über die „Konstruktion" von Proteintransportprozessen ableiten. In Verbindung mit dem spezifisch veränderten Substrat kann eine Erklärung des Einflusses auf den Gesamttransportprozess erklärt werden.

So ist es wahrscheinlich, dass wenige bis keine Teilschritte vom gesamten Proteintransportprozess gleichgewichtsnahe Reaktionen sind, da ein retrograder Transportprozess bioenergetisch nicht sinnvoll erscheint. Dagegen spricht auch der massive ATP-Verbrauch beim Transportprozess. Der Proteintransport ist in Gänze also ein irreversibler Prozess, welcher sehr kontrolliert die Richtung der Reaktion vorgibt. Beim Proteintransport, wie auch im Stoffwechsel gibt es einen festgelegten Schritt, der den Transport festlegt (*point of no return*). Davor kann ein Protein auch wieder freigegeben werden, evtl. weil es nicht die passenden Signale zum Transport enthält. Wahrscheinlich ist dieser Schritt bei der Bindung des Transitpeptides an den Toc-Kernkomplex zu finden. Die nachfolgende Flussrate, d.h. der Umsatz von Substrat über die Zeit kann beim Proteintransport z.Z. schwer bestimmt werden, da sie experimentell schwer fassbar ist. Von der Annahme, dass es ein sehr gerichteter Prozess ist, der kaum Rückreaktionen zulassen sollte, lässt sich ableiten, dass die Umsatzraten der einzelnen Prozesse aufeinander abgestimmt sein müssen obwohl, oder gerade weil jeder Prozess irreversibel ist. So wäre es schwer vorstellbar, dass Transportintermediate an einer

5 Diskussion

(oder mehreren) Stelle des Gesamtprozess akkumulieren, weil der darauffolgende Schritt eine signifikant geringere Reaktionsgeschwindigkeit besitzt. Eine Grenze für dieses Zusammenspiel der Teilschritte stellt dabei das Substratangebot (~konzentration, ~menge) dar. Innerhalb „normaler" physiologischer Parameter wird aber wahrscheinlich keiner der Transportkomplexe an seiner Sättigungsgrenze arbeiten, was zu einem „Stau" in der Prozesskette führen würde.

Die Veränderung der SPP-Schnittstellenregion stellt keinen „grundlegenden" Parameter der Transportreaktion dar. Die Flussrate am Teilschritt SPP-Spaltung wird herabgesetzt, was zu einer Anreicherung von Edukten dieser Reaktion führt, wenn deren Konzentration hoch genug ist. Dies ist aufgrund der reproduzierbar hohen Translationseffizienz von tpTPT und dem *in organello* Importansatz, bei dem extrem viele Substrate (im Vergleich zur *in vivo* Situation) auf einen Schlag präsent sind, sehr wahrscheinlich. Dieser „Stau" retardiert wahrscheinlich die vor ihm ablaufenden Prozesse, vermutlich weil sie energetisch oder sterisch gekoppelt sind.

Des Weiteren kann auch vermutet werden, dass nicht nur der Rückstau zur vermehrten Darstellung von Transportintermediaten bei Import von tpTPT_EGFP führt, sondern auch evtl. auch der chimäre Charakter des Proteins. So besitzt es das Transitpeptides eines hochhydrophoben polytopen Membranproteins gekoppelt mit einem „normal" löslichen Protein. Unter der Annahme, dass Membranproteine anders transportiert werden, als lösliche, und das diese Unterscheidung auf Signalen sowohl im reifen Teil als auch im Transitpeptides eines Proteins zu finden sind, kann diese widersprüchliche Information eine korrekte „Umsetzung" des Substrates durch die Transportmaschine nicht erfolgen (siehe auch 4.2.2).

Zusammengefasst ist das artifizielle Fusionsprotein tpTPT_EGFP aufgrund zweier Eigenschaften besonders geeignet, den Proteintransport zu untersuchen. In beiden Fällen verlangsamt es seinen eigenen Transport **a)** aufgrund seiner veränderten SPP-Spaltstelle, die die SPP-Reaktion verlangsamt und vorgeschaltete Transportreaktionen „aufstaut". **b)** Zum anderen aufgrund seiner chimären Natur, zusammengesetzt aus dem Transitpeptid eines hydrophoben polytopen Membranproteins mit einem heterologen löslichen Protein, was wahrscheinlich zu „Irritationen" im Proteintransportprozess führt, welche durch zusätzlichen Energie- und oder logistischen Aufwand aufgelöst werden müssen.

5.1 Methodendiskussion

5.1.7 Wie beeinflusst die ATP-Depletion den Transportprozess?

Da nach gängiger Theorie die ATP-Hydrolyse durch Hsp70- und Hsp93-Homologen im Stroma an der inneren Hüllmembran die treibende Kraft des Transportes darstellt (Jackson-Constan et al., 2001; Su and Li, 2010), ist die Einordnung dieses energieintensiven und damit geschwindigkeitsbestimmenden Schrittes sehr interessant. Dabei ist dies kein singulärer Prozess während des Proteintransportes, sondern er tritt mehrfach, in verschiedenen Kompartimenten und durch verschiedene Enzyme auf (siehe auch Einleitung 2.2.2, 2.2.5). Beginnend von außen unterstützen im Medium der Importreaktion (entspricht dem Zytosol) die Chaperone des Translationssystems, besonders Hsp70, Hsp90 und auch Hsp60 der Klasse II u.a. die transportkompetente Faltung des Importsubstrates. Des Weiteren bindet hier Hsp70 ans Transitpeptid. Ungewöhnlich ist dabei das Verhalten von yS_ATP, welches nach Ende der Translationsreaktion darin zugegeben den K920 retardiert (**Abb. 27A**). Da K920 sich höchstwahrscheinlich hinter der äußeren Membran befindet (Abb. 41, Abb. 42, Abb. 34B) und gleichzeitig die yS_ATP-Inkubation mit nur den Chloroplasten weniger K920 erzeugt (Abb. 27A), spielt hier ein Konzentrationseffekt eine Rolle, bei dem das yS_ATP nahe dem Substrat bleibt und damit wahrscheinlich auch in den Intermembranraum gelangt. Oder aber yS_ATP geht eine Interaktion mit einem Chaperon des Translationssystems ein, was dann in den Intermembranraum gelangt, sich mit einem Präkomplex zu K920 verbindet und diesen dann aufgrund extrem verlangsamter ATP-Hydrolyse retardiert. Zugegebenermaßen ist diese Hypothese etwas „wackelig". Welche wahrscheinlicher ist, kann u.a. durch Nachverfolgung des yS_ATP oder durch Markierung der Proteine des Synthesesystems herausgefunden werden, z.B. durch ATP-*Crosslinking* oder Protein-Farbstoff-Markierung.

Des Weiteren spielt die Zusammensetzung des K920 eine große Rolle in diesem Puzzle. Dieser enthält wahrscheinlich Hsp93 (Abb. 42, 102 kDa), ein Protein des Stroma, und auch Toc34 (Abb. 37, Abb. 41), ein Protein der äußeren Hüllmembran. So erstreckt sich K920 vermutlich von der äußeren Hüllmembran bis ins Stroma. Leider lässt sich Hsp70 aufgrund des Molekulargewichtes nicht in diesem Komplex vermuten, wohl eher in Pk9 (Abb. 42, 79 kDa). Die yS_ATP-Applikation führt meist „nur" zur Darstellung einer deutlichen Bande (Abb. 27A, B; Abb. 31), welche als K920 wahrscheinlich Hsp93 enthält. In den Fällen, wo dadurch mehrere Banden dargestellt werden (Abb. 26, Abb. 27C), kann nicht ausgeschlossen werden, dass auch z.B. Pk9 darunter ist, also wahrscheinlich ein Hsp70-enthaltender Komplex. Eine andere Erklärung für diese Schwankungen in der Komplexdarstellung wäre ein K920-Komplex mit verschiedenen Konformationen, wobei nur eine davon sehr stabil ist.

5 Diskussion

Nichtsdestotrotz ist es fraglich, wie yS_ATP seine Wirkung erzielt, bzw. wie es soweit in den Chloroplasten hineingelangen soll.

Die Ergebnisse aus den Untersuchungen zum Einfluss der ATP-Depletion und dem Einsatz von yS_ATP auf den Proteintransportprozess ergeben ein schwer zu deutendes Bild über die Distribution, Wirkungsweise und Komplexierung der molekularen Motoren/ Chaperone. Durch yS_ATP ist leider keine Unterscheidung zwischen verschiedenen molekularen Chaperonen möglich. Auch der Vergleich mit dem evolutionärem Gegenstück, dem Proteintransport in Mitochondrien bringt kaum weitere Rückschlüsse, da hier weniger (klassische) molekulare Chaperone tätig sind (Schleiff and Becker, 2011). Über den cpn60-Komplex können dagegen aufgrund seiner stabilen Präsenz folgende Aussagen getroffen werden: Er ist weniger als K920 von ATP abhängig und auch durch yS_ATP nicht zu beeinflussen (4.4.2). Dies bestätigt u.a. seine stromale Lokalisierung.

5.2 Modelldiskussion

Im Sinne einer besseren Nachvollziehbarkeit der Ergebnisse und ihrer Übertragung auf ein Modell wurden bestimmte, immer wiederkehrende Signale in der Nativgelelektrophorese „Namen" gegeben. Diese bestehen aus dem Konsonanten „K" für Komplex kombiniert mit einer Zahl, die dem apparenten Molekulargewicht entspricht. Falls die genaue Zuordnung nicht möglich ist, aber das Molekulargewicht, bzw. andere ähnliche Eigenschaften verfügbar sind, die über eine Zuordnung spekulieren lassen, werden die Komplexe mit einem „x" im Namen gekennzeichnet.

Mittels dieser Nomenklatur können Bandenmuster empirisch untersucht werden, d.h. auf ihre Validität und Reproduzierbarkeit hin eingeschätzt werden. Hauptsächlich wurden TPT, SSU und tpTPT als Standardsubstrate eingesetzt. Ein Vergleich der Signalmuster vom Transport dieser Proteine kann aufgrund der gewählten Eigenschaften der Substrate auch Aussagen über unterschiedliche substratabhängige Transportwege aufzeigen. Darüber hinaus ermöglicht der *in organello* Import von Transporteruntereinheiten einen ersten Überblick über mutmaßlich auftretende und funktionelle Transportteilkomplexe.

5.2.1 Welche Eigenschaften besitzen die Transportteilkomplexe?

Die folgenden Charakterisierungen der Transportteilkomplexe beruhen größtenteils auf deren Migrationsverhalten im Nativgel und z.T. auch auf der Bandenmorphologie bzw.

5.2 Modelldiskussion

Charakteristik. Die Gele besitzen einen Acrylamid-Dichtegradienten, der für jedes Gel aufs Neue in Handarbeit hergestellt wird. Dadurch wird das Proteinmigrationsverhalten beeinflusst, da nicht immer derselbe Gradient erzeugt werden kann. Die Zuordnung aufgrund des Migrationsverhaltens kann daher z.T. bei starken Abweichungen nicht erfolgen, bzw. wird durch Vergleich mit anderen Teilkomplexen und Nativgelläufen angeglichen.

K700 Der Transportkomplex K700 ist der bestdokumentierte Komplex dieser Arbeit, da er in jedem nativen Gelbild auftritt und auch mittels Western-Blot-Analyse (Abb. 43) identifiziert wurde. Es handelt sich hierbei um den plastidären cpn60-Chaperoninkomplex. Besonders die löslichen Substrate SSU und tpTPT präsentieren sich als dessen Substrate. Das polytope Membranprotein TPT dagegen zeigt selten Signale (Abb. 21, Abb. 26, Abb. 33), die eine cpn60-Beteiligung an seinem Transport und Membranintegration vermuten lassen würden. Da cpn60-Systeme bevorzugt lösliche Proteine zu ihrem Faltungszustand verhelfen

Abb. 44 Schematische Darstellung von zwei K700 / cpn60-Komplexen

(Horwich and Fenton, 2009), handelt es sich entweder um unspezifische Assoziationen zum cpn60-Komplex, oder aber diese Interaktion ist auch ein notwendiger Bestandteil der Initiation der Transitpeptidspaltung.

K920/K9x Die Transportintermediate mit den höchsten Molekulargewichten sind aufgrund ihrer enormen Komplexität und ihres dualen Charakters besonders interessant. Die Zuordnung der radioaktiven Signale der Nativgelelektrophoresen zu den Signalen der Coomassie, bzw. der Silberfärbung der 1. und 2.Dimension gestaltet sich etwas schwierig und kann tlw. nur spekulativ erfolgen. Daher wurde den Proteinkomplexen der nichtradioaktiven Experimente eine z.T. abweichende Nomenklatur gegeben, auch um die Unterschiede in der

5 Diskussion

Grundlage der Benennung deutlich zu machen. Wie zu sehen ist, wird auch zwischen den Komplexen der radioaktiv-gestützten Importe (K~) und der zweidimensionalen Gelelektrophorese (Pk~) unterschieden.

K920 Die yS_ATP-Bande K920 kann auch nichtradioaktiv identifiziert und aufgelöst werden. Dafür sprechen u.a. die Bandenmorphologie des radioaktiven Signals (**Abb. 37**) und der Coomassiefärbung (**Abb. 39**); das vom Gellauf abgeleitete Molekulargewicht und die abzuleitende Detektion von Toc34 und Tic40 sowohl im Import, als auch in der Western-Blot-Analyse (**Abb. 41**). Nebenbei findet sich in der K920-Spur das Signal des Importsubstrates TPT wieder, was sehr für die Identifikation von K920 als „yS_ATP-Bande" spricht. Die eindeutige Reaktion auf das ATP-Analogon weist auf stark ATP-verbrauchende Enzyme hin, welche in diesem Fall höchstwahrscheinlich die TocTic zugeschriebenen molekularen Chaperone Hsp70 und Hsp93 sind. Diese befinden sich im Intermembranraum und im Stroma. Vergleichbare Signale für die Hsp70-Homologe finden sich bei 82 kDa und bei 74 kDa des K920 wieder, auch Pk9 zeigt ein evtl. zu Hsp70 gehöriges Signal von 79 kDa (**Abb. 42**). Hsp93-Homologe könnten vor allem in K920 und Pk8.5 aufgrund der hohen Signalintensität der Spots bei 106 und 102 kDa vorkommen. Ähnliche Komplexeigenschaften, wie z.B. Größe und Untereinheiten wurden schon durch (Chen and Li, 2007) und (Kikuchi et al., 2009) beschrieben, welche aber mit BN-PAGE in suboptimaler Auflösung nur oberflächlich untersucht werden konnten. Ob es sich daher um exakt dieselben Komplexe handelt, kann aus beiden Experimentreihen nicht geschlossen werden. Auf die Ähnlichkeiten von K920 und Pk8.5 wird in den nächsten Seiten eingegangen. Aus den Antikörper-„Shift"-Experimenten (3.4.1) ist abzuleiten, dass K920 höchstwahrscheinlich auch Toc34 enthält. In Verbindung mit der Antikörperdetektion von Toc34 aus Kapitel (3.4.2) kann diese Vermutung bestätigt werden. Die vielen weiteren Spots von K920 unterhalb von Toc34 lassen vermuten, dass darin evtl. auch die Proteine HP30, HP20, Tic22, Tic21 und Tic20 als Untereinheiten vorkommen. Ebenfalls aus der Antikörperdetektion (**Abb. 41**) kann geschlossen werden, dass K920 auch Tic40 enthält. Eine weitere interessante Proteinuntereinheit von K920 migriert bei ca. 128 kDa. Dieser Spot ist distinkt ausgeprägt und von so ungewöhnlicher Größe, dass ein Toc159-Homolog zu vermuten ist. Dagegen spricht die Antikörper-Detektion von Toc159 (Abb. 41), welche Signale in einem anderen Größenbereich ausgegeben hat. Ein Schema von K920 ist in Abb. 48 zu finden.

K9x Die Signale, welche auch als K9x bezeichnet werden treten bei radioaktiven Importen nicht im gleichen Maße wie K920 auf. Eine Zuordnung zu den Proteinfärbungen der 2.Dimension ist hier aufgrund fehlender Daten noch schwieriger, als bei K920, weswegen

5.2 Modelldiskussion

eine Zuordnung unterbleibt. So spricht z.B. die zu K920 ähnliche Intensitätsverteilung und Bandenmorphologie in **Abb. 26** und **Abb. 33** gegen eine Zuordnung zu den in der 2. Dimension darüber und darunter sichtbaren Proteinkomplexen (**Abb. 39, Abb. 40**). Zur Unterscheidung werden diese Proteinkomplexe daher Pk10, Pk9 usw. genannt. Wenn aber K9x nicht Pk10 und Pk9 entsprechen, welcher Natur sind dann diese Signale? Folgende Antworten wären hier vorstellbar: So z.B., dass K9x unterschiedliche Konformationen eines Komplexes mit derselben Zusammensetzung sind, d.h. er wäre größer durch ein verändertes Zusammenspiel der Untereinheiten. Oder die K9x-Komplexe beinhalten zusätzliche Transportkomplexe (oder auch „nur" Untereinheiten). Damit wäre der Umstand von Abb. 26 und Abb. 33 erklärbar, wo SSU und TPT zwei K9x-Banden zeigen, tpTPT jedoch drei. Eventuell bedingt hier das EGFP-Fusionsprotein eine etwas anders gestaltete Transportmaschine, am Molekulargewicht oder der Hydrophobizität allein kann es nicht liegen. Vermutlich sind die K9x-Transportintermediate nicht über Maßen stabil oder treten nur zu bestimmten Zeitpunkten auf, welche aufgrund physiologischer und präparativer Varianz der Importeffizienz von Chloroplasten bei einem Standardimport letztlich doch unterschiedlich ausfallen. Nicht auszuschließen sind auch hier Solubilisierungs- und Elektropreseartefakte unter der Annahme, dass K920 der stabilste der drei Komplexe ist und daher immer und besonders bei yS_ATP und tpTPT-Import zu sehen ist.

Pk10 Das interessanteste an diesem Komplex dürfte sein, dass er, obwohl er nicht die meisten Untereinheiten besitzt, der größte Komplex in der zweidimensionalen Gelelektrophorese von Hüllmembranpräparationen darstellt. Auch wenn man die ausgerechneten Molekulargewichte der einzelnen Spots einfach zusammenrechnen würde, ergibt sich nicht das größte Molekulargewicht in der Präparation. Dies spricht für eine „ausgedehnte" Konformation dieses Komplexes, wahrscheinlich mit einem Hohlraum im Proteininneren. Eine auffällige, weil sehr signalstarke Proteinuntereinheit ist der Spot bei ca. 44 kDa. Von diesem kann aus der Antikörperdetektion (Abb. 41) abgeleitet werden, dass es sich hier um Tic40 handelt. Im Allgemeinen sind die Proteinspots aber eher von schwacher Signalstärke, was für einen monomeren Aufbau aus Untereinheiten spricht. Das Spotmuster zeigt eine hohe Ähnlichkeit zum Muster der Untereinheiten von Pk9. So migrieren ca. 10 Proteine von Pk10 auf derselben Höhe wie Untereinheiten von Pk9.

Pk9 Wie schon festgestellt, ähneln sich Pk9 und Pk10 sehr. Vielleicht stellt Pk9 eine Untereinheit von Pk10 dar. Dagegen spricht, dass Pk9 mehr Untereinheiten als Pk10 enthält. Mit 19 gezählten, distinkten Proteinspots (Abb. 42) enthält Pk9 auch mehr Untereinheiten als K920, auch wenn die genaue Zahl von Proteinuntereinheiten (nicht nur) von Pk9 in weiteren

5 Diskussion

Untersuchungen verifiziert werden muss. Auffällig beim Pk9-Komplex ist die Untereinheit bei ca. 50 kDa (Abb. 42), welche eine sehr hohe Signalintensität in der Silberfärbung zeigt. Dies könnte vielleicht Tic55 sein. Oder auch eine noch nicht beschriebene TocTic-Untereinheit. Wahrscheinlich enthält Pk9 aufgrund der Molekulargewichte der detektierten Spots in Abb. 42 neben Tic20, Tic22, Tic21, HP20 auch Toc12. Zumindest enthält Pk9 in dem Größenbereich von 12-15 kDa am meisten Signale aller beobachteten Proteinkomplexe.

Pk8.8 Dieser Komplex scheint wenige Untereinheiten zu enthalten, besitzt dennoch als Komplex ein hohes Molekulargewicht. In der Färbung der 1. Dimension ist er nicht sichtbar, dennoch zeichnet sich in der 2. Dimension ein distinktes vertikales Muster ab. Dieser Komplex könnte nach dem Experiment aus Abb. 41 Toc75 enthalten.

Pk8.5 Ein dem K920 sehr ähnliches Proteinmuster zeigt Pk8.5, welcher aber (höchstwahrscheinlich) nicht in radioaktiven Importassays mit yS_ATP Zugabe zu sehen ist. Wahrscheinlich stellt dieser einen Transportsubkomplex dar, welcher entweder nicht direkt mit dem Transportsubstrat interagiert, eine Assemblierungsvorstufe ist oder von dem (markiertem) Transportsubstrat bei Solubilisierung dissoziiert. Pk8.5 enthält im Gegensatz zu K920 nicht die Untereinheiten bei ca. 74 kDa und 57 kDa. Des Weiteren enthält es viele Proteinuntereinheiten im Bereich von 30 – 20 kDa, welche aber aufgrund mangelnder Auflösung

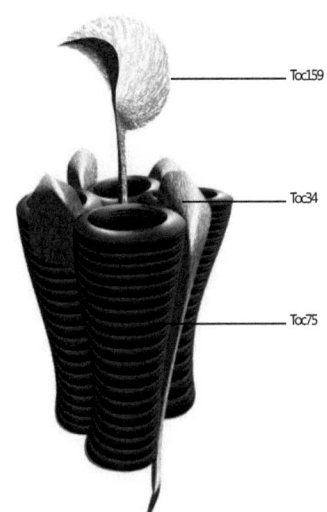

Abb. 45 Schematische Darstellung des K750 / Toc-Kernkomplex. Proteinuntereinheiten sind rechts bezeichnet.

5.2 Modelldiskussion

schwer voneinander zu entscheiden sind.

K600 Dieser Komplex verhält sich ähnlich dem K920. Er ist vergleichbar sensibel bei Proteasebehandlung (Abb. 33) und enthält wahrscheinlich Toc34 und HP30 (Abb. 22). Er findet sich bei einer Vielzahl von Substraten wieder (Abb. 21, Abb. 23, Abb. 26) und zeigt keine Abhängigkeit vom Translationssystem (Abb. 28). Eventuell befindet sich dieser Komplex im Intermembranraum und katalysiert einen Transportschritt zwischen dem Toc-Kernkomplex (K750) und dem K920.

K750 Bei dem Transportteilkomplex K750 handelt es sich höchstwahrscheinlich um einen Toc-Komplex, wie aus der immunologischen Detektion mit dem Toc34-Antikörper in **Abb. 14** zu schließen ist. Dieses Signal wurde daraufhin massenspektrometrisch untersucht und als Toc-Kernkomplex identifiziert (Ladig et al., 2011). Ein vergleichbaren Komplex wurde durch (Kikuchi et al., 2006) beschrieben. Des Weiteren wird seine Ausprägung stark von äußeren Komponenten beeinflusst (**Abb. 28**) und er reagiert am deutlichsten auf Protease-applikation von Importchloroplasten (**Abb. 33**). Dies spricht deutlich für einen Proteinkomplex, der in der äußeren Hüllmembran sitzt und gut von Proteasen und von z.B. Chaperonen der *in vitro* Translationssysteme erreicht werden kann. Interessanterweise hat die Applikation von yS_ATP auf den Import keinen Einfluss auf die Darstellung dieses Transportkomplexes. So sind Chaperone in diesem Komplex höchstwahrscheinlich nicht vorhanden, was sich mit den bisherigen Beschreibungen des Toc-Kernkomplexes deckt.

K200 Dieser Teilkomplex enthält höchstwahrscheinlich Tic110, wie aus **Abb. 22** und **Abb. 23** zu entnehmen ist. Weiter kann dies durch Western-Analysen der 2. Dimension von Hüllmembran-Präparationen bestätigt werden (**Abb. 41**). In massenspektrometrischen Unter-

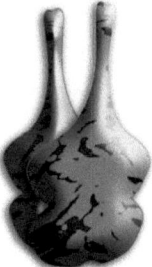

Abb. 46 Schematische Darstellung eines K200 / Tic110 Dimer

5 Diskussion

suchungen wurde ebenfalls Tic110, hier im Verbund mit Tic55 und einem Hsp100-Protein gefunden (Ladig et al., 2011). Diese Einordnung und das „Ansprechen" dieses Komplexes auf veränderte SPP-Spaltstellenmuster der TPT-Derivate ordnen diesen Komplex in die innere Hüllmembran ein, wobei ein großer Teil davon ins Stroma reicht.

K120 Dieses Signal bei ca. 120 kDa scheint auf den ersten Blick etwas unspektakulär, bei genauerer Betrachtung ergeben sich aber interessante Befunde. K120 tritt deutlich beim Import des tpTPT-Vorläufers auf (**Abb. 34**) sowie bei TPT und SSU (**Abb. 30**). Es verhält sich bei zeitlicher Auflösung des Importes ähnlich dem K920, weswegen es sich um ein Bruchstück aufgrund von Solubilisierung und Elektrophorese des K920 handeln könnte. Des Weiteren reichert es in vergleichbaren Umfang während der Hüllmembranpräparation an (Abb. 34), was zumindest für die gleiche Stöchiometrie wie K920 spricht. Gegen die Einordnung als Bruchstück spricht allerdings die Reaktion von K120 auf yS_ATP Zugabe (**Abb. 28**), welche nicht vergleichbar ausgeprägt ist. Auch eine etwas sensiblere Reaktion auf Proteasebehandlung (**Abb.** 33) spricht dagegen und ordnet diesen Komplex in der Transportkette vor dem K920 ein. Evtl. enthält K120 auch Toc12 und Tic40 (**Abb. 22**), weshalb eine Einordnung im Transportübergang von K720 zu K920 wahrscheinlich ist.

K400 Die Natur dieses Komplexes ist etwas schwerer einzuordnen. Er tritt vor allem beim Import von TPT auf (**Abb. 26, Abb. 30**), auch bei tpTPT zeigen sich Signale dieser Qualität. Wahrscheinlich wird für die Prozessierung von TPT als Membranprotein mehr Energie und Zeit benötigt, weswegen TPT und seine Derivate (**Abb. 23**) länger damit verbunden sind. Eventuell repräsentiert es auch einen Membranprotein-spezifischen Komplex, da die TPT-Derivate ebenfalls K400 zeigen, SSU z.B. aber nicht. Weiter ist K400 nicht direkt von yS_ATP beeinflusst (**Abb. 32**). Von den Toc/Tic-Untereinheiten migrieren nur HP30 und Toc33 an vergleichbaren Positionen (**Abb. 22**), nicht jedoch Toc34, wie zu vermuten wäre. Dies spricht für K400 als einen Komplex der äußeren Hüllmembran, welcher eventuell mit dem Toc-Kernkomplex in Verbindung steht. Vermutlich repräsentiert er einen Teilschritt bei der Initiation des (Membran-)Proteintransports über die Hüllmembran.

K500 Dieser Transportteilkomplex ist ähnlich schwer einzuordnen wie K400. Er tritt in geringer Intensität/Quantität nur beim Import von tpTPT und TPT auf (**Abb. 30**). Eventuell enthält K500 auch Toc12 und Tic40 (**Abb. 22**), wobei diese im besagten Größenbereich als Doppelbande auftreten. Eine genauere Charakterisierung von K500 kann leider nicht getroffen werden.

5.2 Modelldiskussion

5.2.2 Werden Membranproteine und lösliche Proteine des Stroma von unterschiedlichen Komplexen transportiert?

Die Unterscheidung von Proteinen nach ihrer Hydrophobizität (oder Lipophilität) ist gleichzeitig auch die Betonung der zwei wichtigsten Phasen des Lebens. „Phase" im thermodynamischen Sinne bestimmt hier einen räumlichen Bereich, in dem wichtige physikalische Parameter gleich sind. Die wässrige Phase, unter anderem das Zytosol, das Stroma oder das Lumen des Endomembransystems zeichnet sich durch ihre Polarität, aufgrund des hohen Wassergehalts und darin gelöster Ionen und Proteine aus. Die darin stattfindenden Stoffwechselprozesse werden notwendigerweise durch die zweite Phase, die Membransysteme, abgegrenzt. Diese Phase ist unpolar, löst sich nicht in Wasser und enthält demnach auch kaum Wasser. Das Grundgerüst dieser Phase stellen Lipide dar, die sich in einer Doppelschicht organisieren. Aufgrund der unterschiedlichen Natur beider Phasen sind die Eigenschaften der Proteine in den jeweiligen Phasen sehr unterschiedlich, hauptsächlich bezogen auf die Polarität und damit Löslichkeit in Wasser.

Interessant wird diese Unterscheidung beim Proteintransport in die Organellen, die auch als abgetrennte Reaktionsräume und oder Kompartimente bezeichnet werden. Sie sind daher auch aus beiden unterschiedlichen Phasen aufgebaut, während diese mit den jeweiligen Sätzen an Proteinen(komplexen) ausgestattet sind. Diese „Ausstattung" wird dem Kompartiment zugestellt. Der anschließende Import in das Organell mit folgender „Sortierung" der Proteine beinhaltet notwendigerweise einen Phasenwechsel (oder Phasenpassage). In den Chloroplasten wird aufgrund der Doppelhüllmembran der Transport etwas aufwändiger, als z.B. für den Proteintransport ins Lumen vom ER.

Eine zentrale Komponente des Proteintransports ist das Wirken von molekularen Chaperonen. Beim Proteintransport in den Chloroplasten sind mind. Chaperone der Klassen Hsp70, Hsp100 und Hsp60 beteiligt. Diese stellen sicher, dass das Transportsubstrat, welches zum Großteil entfaltet transportiert werden muss, am Zielort seine funktionelle Struktur einnehmen kann. Die Entfaltung am Anfang des Transportweges und die Aufrechterhaltung der Entfaltung kann für ein breites Spektrum an Proteinen angewandt werden, da sich die Proteine im entfalteten Zustand wenig unterscheiden. Daher ist wahrscheinlich dieser Schritt sehr allgemein gestaltet, ähnlich den Mitochondrien, wo für den ersten Teil der Translokation eine generelle Import-Pore (GIP) beschrieben ist (Bohnert et al., 2007). Diese transportiert fast jedes mitochondrielle Protein, während es mind. vier verschiedene Wege unterhalb dieser GIP gibt, die je nach Zielort und Eigenschaften die Proteine behandeln (Schleiff and Becker, 2011).

5 Diskussion

Da über den plastidären Importapparat vergleichsweise wenig bekannt ist, kann hier über substratabhängige Translokations- und Vorsortierungswege spekuliert werden. Sicher werden sowohl Membran- als auch lösliche Proteine über den Toc-Kernkomplex initiiert werden. Eventuell kommen dabei je nach Substratklasse unterschiedliche akzessorische Proteine zum Einsatz, die die Einleitung der Translokationsinitiation unterstützen. Aus den Ergebnissen dieser Arbeit kann dieses Szenario nicht bestätigt, aber vermutet werden. So präsentiert das polytope Membranprotein TPT bei Import generell mehr Banden als z.B. SSU (**Abb. 20A, Abb. 24, Abb. 29**). Möglicherweise benötigt TPT auch mehr Energie und Zeit zur Entfaltung, weswegen es länger an diesen Komplexen verbleibt, als z.b. das Hauptsubstrat der Proteintransportmaschine. Einen weiteren Hinweis auf eine mögliche substratabhängige Translokationsmaschinenzusammensetzung ist das Verhalten des chimären Proteins tpTPT. Es zeigt von allen Substratproteinen die meisten Signale bei Importreaktion, was evtl. an der gemischten Natur dieses Polypeptides liegt. Es kombiniert das Transitpeptid eines hydrophoben, polytopen Membranproteins mit einem löslichen reifen Protein nicht pflanzlicher Herkunft. Eventuell ist aber auch „nur" die Struktur des reifen Proteins unpassend weil ungewohnt für die Transportmaschine.

Sehr wahrscheinlich dagegen ist der gemeinsame Translokationskomplex K920 (und die mit ihm in Verbindung stehenden Proteinkomplexe) von hydrophoben und löslichen Substraten (**Abb. 26**). Augenscheinlich kommt diesem Komplex die zentrale Rolle als Motor der Translokation von Proteinen über die äußere Hüllmembran, durch den Intermembranraum, wahrscheinlich bis über die innere Membran zu. Wobei der letzte Schritt des Transportes über die innere Hüllmembran für TPT weniger denkbar ist, da es letztlich genau hier seinen Bestimmungsort findet. Ein Transport darüber hinaus würde ein *conservative sorting* bedeuten, d.h. TPT müsste über ein lösliches Intermediat aus dem Stroma den Weg zurück in die Membran finden. In Mitochondrien werden Membranproteine der inneren Mitochondrienmembran über zwei verschiedene Komplexe integriert, die Substrate aus unterschiedlichen „Richtungen" umsetzen. Der Tim22-Komplex integriert mit TPT vergleichbare Membranproteine, welcher er aus dem Intermembranraum gereicht bekommt, mittels der sog. *tiny TIMs* in die innere Mitochondrienmembran. Der genaue Mechanismus ist unbekannt, wahrscheinlich handelt es sich um eine Kombination aus *conservative sorting* und *stop-transfer* (Neupert and Herrmann, 2007). Darüber hinaus integriert der Oxa1-Komplex Proteine, welche in der Matrix synthetisiert werden, vornehmlich cotranslationell in die innere Mitochondrienmembran und agiert auch als Membranfaltungshelfer für weitere Membranproteine (Ott and Herrmann, 2010). Da soweit für Mitochondrien kein Komplex in der Größe von K920 (und darüber hinaus) beschrieben ist und hier auch der Transport mehr

5.2 Modelldiskussion

segmentiert erscheint, ist eine Ableitung des Sortierungsmechanismus aufgrund der evolutionären Ähnlichkeit aber eher schwierig.

Wahrscheinlich spalten sich die Wege von löslichen und Membranproteinen während des Transportprozesses „kurz vor Ende" doch auf, denn bemerkenswerter Weise tritt K700 (alias cpn60) kaum (z.B. **Abb. 33B**) bis gar nicht (z.b. **Abb. 24**) beim Import von TPT auf. Dies ist primär auf die Funktionsweise (und damit Substratwahl) von cpn60 und seinen Verwandten zurückzuführen, welche falsch gefaltete lösliche Substrate aufgrund eines molekularen, hydrophobem *shuffling* in die richtige Konformation bringen (Horwich and Fenton, 2009). Ein stark hydrophobes Substrat würde wahrscheinlich in cpn60 gefangen bleiben, weswegen die Signale von K700 bei TPT vermutlich Artefakte von z.B. trunkierten Translationsprodukten darstellen.

Letztlich ist es sehr wahrscheinlich, dass hydrophobe und lösliche Proteine zumindest über die äußere Membran denselben Weg durch den Toc-Kernkomplex nehmen. Proteine der äußeren Hüllmembran bilden eine eigene Gruppe und benutzen andere Wege und oder integrieren sich selbständig in die Membran. Die Proteine des Intermembranraums nehmen möglicherweise einen ähnlichen Weg wie Membranproteine der inneren Hüllmembran, da diese vermutlich im Bereich der Stromaseite der inneren Hüllmembran einen Rücktransport erfahren, welcher ähnlich dem Weg von Tic40 (Chiu and Li, 2008) verlaufen könnte. Oder es gibt für die Proteine des Intermembranraumes ähnliche Sonderwege wie für Proteine der äußeren Hüllmembran.

Die sehr großen Komplexe der K9x-Familie, welche wahrscheinlich direkt an den Toc-Kernkomplex gekoppelt sind, übernehmen höchstwahrscheinlich den Transport aller Proteine des Stromas, der Thylakoide und der inneren Hüllmembran. Dieser Transportweg und damit die Größe des Komplexes reichen vermutlich vom Kontaktpunkt zum Toc-Kernkomplex bis über die innere Hüllmembran hinweg. Viel spricht für diese Ausdehnung, da u.a. in K9x auch Hsp93, evtl. Tic110 und Tic40 enthalten sind, denen bis jetzt eigentlich eine stromale Lokalisierung zugewiesen ist (Chou et al., 2003). Vermutlich wird am Rand der Membran durch den K9x eine Öffnung, ein Tunnelausgang geschaffen, wobei die Komponenten, welche stromal beschrieben sind, die Austrittsöffnung formen und den Übergang in die wässrige Phase mit Hilfe weiterer akzessorische Proteinkomplexe, wie z.B. cpn60 vorbereiten. An diesem Punkt sollte sich der gemeinsame Weg zwischen löslichem Protein des Stroma und den Membranproteinen trennen, welche je nach Stärke ihrer Hydrophobizität mehr oder weniger assistiert in die Membran integriert werden. Der genaue Mechanismus dafür ist unbekannt (Viana et al., 2010), leider hat auch diese Arbeit nur einleitende Erkenntnisse auf diesem Gebiet hinzufügen können, auf denen Untersuchungen in späteren Experimenten aufbauen können.

5.2.3 Induziert die Verfügbarkeit von Vorläuferprotein die Bildung der (Gesamt-) Transportmaschinerie oder konstituiert sie sich davon unabhängig?

Diese Frage leitet sich aus der Tatsache ab, dass es einen Toc-Kernkomplex gibt, welcher höchstwahrscheinlich für verschiedene Klassen von Substraten den Transport initiiert (siehe 4.2.2). Der sich anschließende Transport dagegen kann in unterschiedlichen Kompartimenten enden, was bedeutet, dass auch verschiedene Proteinkomplexe daran beteiligt sein können. Diese Diskussion streift auch die Frage nach der Arbeit von Toc und Tic als eigenständige Komplexe oder nur in Zusammenarbeit als sogenannter TocTic-Superkomplex. Des Weiteren spielen wahrscheinlich auch cytosolische Faktoren eine Rolle, welche abhängig von den primären Substrateigenschaften auf die Transportinitiation einwirken können. Fraglich ist auch, inwieweit durch die *in organello* Importreaktion allein eine putative Induktion der funktionellen Assemblierung der Transportmaschine untersucht werden kann, bzw. welche *in vivo* Relevanz diese Induktion hat. Nichtsdestotrotz sind mind. drei Szenarien vorstellbar:

1.) Toc- und Tic-Komplex stehen nicht in Kontakt. Der Tic- erhält vom Toc-Komplex ein Substrat und assembliert sich abhängig von der präsentierten Substratklasse. Dagegen sprechen allerdings u.a. die in dieser Arbeit präsentierten Ergebnisse, bei denen Toc- und Tic-Untereinheiten im K9x zusammenfinden. Des Weiteren würde eine Zwischenstation im Intermembranraum den gesamten Transportprozess verlangsamen und zu einem erheblichen organisatorischen Aufwand der zu verteilenden Proteine, zumindest aber der hydrophoben Proteine führen.

2.) Toc- und Tic-Komplex stehen ständig (über K9x) in Kontakt, auch ohne dass ein zu transportierendes Vorläuferprotein zumindest an den Toc-Kernkomplex gebunden hat. Soweit die an K9x assemblierten Proteine der Tunnelöffnung auch unabhängig vom restlichen K9x und Toc-Kernkomplex assemblieren können, werden sie dies bei Bindung und Identifizierung des Transportsubstrates vollziehen. Der Toc-Kernkomplex muss dann Informationen über den zu transportierenden Vorläufer bis an den Rand des Stromas übermitteln. Ohne diese Informationsweiterleitung kann es zu energetisch ungünstigen (Protein-Stroma-) Umgebungen, welchen einen effizienten

5.2 Modelldiskussion

Transport behindern würden. Gäbe es keine Informationsübertragung, müsste am Anfang der Transportkette sichergestellt werden, dass der aktuelle Transportkomplex auch zum zu transportierenden Substrat passt.

In diesem Szenario müssten mehr Toc-Tic-Superkomplexe in der Chloroplastenhülle existieren, als in Szenario 3, da je nach Substratklasse verschiedene Superkomplexe präsent sein müssten. Außerdem sollten diese die Bindung von unspezifischen verhindern, was einem zusätzlichen Aufwand entspräche.

3.) Toc- und Tic-Komplex stehen nicht ständig in Kontakt und assemblieren sich bei Substratbindung an den Toc-Kernkomplex zu einem Superkomplex zusammen. Diese Assemblierung ist abhängig von der an den Toc-Kernkomplex gebundenen Substratklasse und sorgt für einen korrekten Transport bis in die Zielphase. Die Übermittlung der Information über die Substratklasse kann hier an der Schnittstelle zwischen Toc-Kernkomplex und K9x erfolgen, d.h. über einen direkten Kontakt und einen kurzen Weg (siehe Abb. 47). Für dieses Szenario sprechen die Zusammensetzung von K9x, welcher Toc- und Tic-Untereinheiten enthält und der geringere Aufwand in der Signaltransduktion der mit dieser dynamischen Art der Zusammensetzung der Gesamttranslokationsmaschinerie einhergeht.

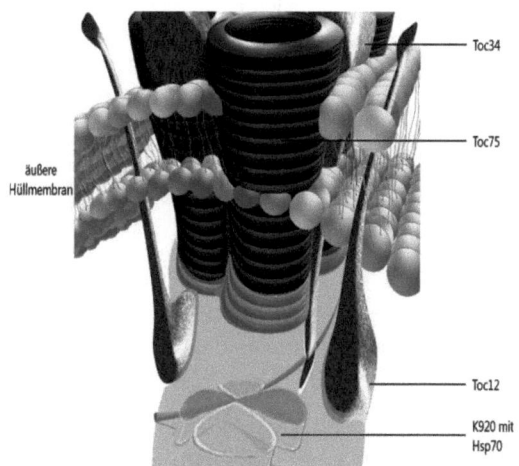

Abb. 47 Schematische Darstellung der Schnittstelle zwischen K750 und K920

Höchstwahrscheinlich ist der Proteintransportapparat eine sehr flexible Maschine, welche sich in Abhängigkeit von dem zu „bearbeitenden" Vorläufer zusammensetzt, um auf dessen Eigenschaften und Zielort ausreichend einzugehen. Dabei ist es nur konsequent, diese

5 Diskussion

Dynamik auch auf die eingehende Frage zu übertragen: „Induziert die Verfügbarkeit von Vorläuferprotein die Bildung der (Gesamt-) Transportmaschinerie oder konstituiert sie sich davon unabhängig?". Vermutlich wird die gesamte Translokationsmaschine (TocTic-Superkomplex) erst bei Präsenz (evtl. Bindung des TP an Toc159) von Vorläuferprotein assembliert. Wahrscheinlich sind in diesem Zusammenhang auch Disassemblierungen der „großen" Teilkomplexe in Komplexuntereinheiten möglich. Die Antwort darauf kann soweit aber nur spekulativ erfolgen, auch wenn vieles dafür spricht. Die Stichprobenanzahl ist nicht hoch genug, das Experiment in **Abb. 40**, bei dem die Kontrolle ohne Importsubstrat viel weniger Proteinbanden im interessanten (links der Rubisco) Bereich zeigt, als die Importe mit Transportsubstraten wurde nur einmal durchgeführt. Eine genaue Untersuchung dieses Sachverhaltes und eine Replikation dieses Experimentes stehen daher noch aus.

5.2.4 Welche Rollen spielen die Tim17/22/23-Homologe beim Proteintransport am Chloroplasten?

Die in Kapitel 3.1.3 eingeführten Proteine der Hüllmembran von Chloroplasten besitzen eine geringe Ähnlichkeit zu Proteinuntereinheiten des mitochondriellen Transportapparates, welche die Domänenklasse „Tim17/22/23" bilden. Deshalb wurden diese Proteine in die Studie miteinbezogen. Für Untersuchungen wurden die bekannten Sequenzen aus Organismus *A. thaliana* verwendet. Wie schon in 3.1.3 festgestellt, können jeweils zwei Proteine, nämlich HP20 und HP22, sowie HP30 und HP30-2 in eine gemeinsame Klasse geordnet werden. Der Organismus *A. thaliana* tendiert von seiner Genomorganisation zur Duplikation von Genkopien (Morgante, 2006), weswegen in anderen höheren Pflanzen wahrscheinlich nur zwei Proteine vorkommen dürften.

Mittels SDS-PAGE- (Abb. 10) und Nativ-PAGE-Analysen (Abb. 22) kann vermutet werden, dass zumindest HP30 sich in Komplexe einbaut, die teilweise geschützt vor Proteaseaktivität aus dem plastidenumgebenden Medium sind. Dies spricht für einen Komplex im Intermembranraum. Da Pk9 und Pk10 sehr viele Untereinheiten in dem Größenbereich um 27 kDa aufweisen (Abb. 42), kann über HP30 als Untereinheit von Pk9/10 und damit evtl. K9x spekuliert werden. Des Weiteren wurden in zu dieser Arbeit begleitenden Untersuchungen Proteine der HP30/HP30-2 -Klasse in Komplex mit Tic-Untereinheiten gefunden (Ladig et al., 2011). Darin sind die Hüllmembranen von Erbsenchlorplasten einzeln präpariert und nach nativer elektrophoretischer Auftrennung Coomassie-gefärbt worden, sodass distinkte Komplexe massenspektrometrisch untersucht werden konnten. In der inneren Hüllmembran fand sich ein Homolog zum *A. thaliana*-Protein AT5G24650 in zwei verschiedenen

5.2 Modelldiskussion

Komplexen, wobei ein Komplex eine Größe von ca. 550 kDa besitzt, der andere Komplex ist ungefähr 200 kDa groß und bestand neben HP30 aus Tic32 und (wahrscheinlich) einer Hydroperoxid-Lyase (AT4G15440). Leider werden die Hüllmembranen hier getrennt voneinander isoliert, weswegen K9x und Pk9/10 höchstwahrscheinlich disassemblieren und in kleineren Bruchstücken nachweisbar sind oder gänzlich während der Präparation verloren gehen.

So kann davon ausgegangen werden, dass Proteine der HP20/22 und Hp30/30-2 – Klassen mit am Proteintransport des Chloroplasten beteiligt sind. Höchstwahrscheinlich sind sie Untereinheiten des K9x, wobei sie vermutlich in einem Bereich von K9x assemblieren, der sich in unmittelbarer Nähe zur äußeren Hüllmembran befindet. Damit befinden sie sich im Unterschied zu ihren verwandten Proteinen im Mitochondrium nicht in der inneren Hüllmembran, sind aber auch wie hier Untereinheiten der Proteintranslokationsmaschinerie.

5.2.5 Wie kann das Modell des Proteintransports in den Hüllmembranen des Chloroplasten erweitert werden?

Die Erkenntnisse, die sich aus dieser Arbeit über den Proteintransport in der Chloroplastenhülle ergeben, ergänzen das gegenwärtige Modell hauptsächlich um den Transportteilkomplex K920 und seine „Brüder" Pk10, Pk9 usw. Davon abgeleitet kann angenommen werden, dass es nicht einen einzelnen statischen TocTic-Superkomplex gibt, der die Transportsubstrate über beide Hüllmembranen befördert. Sondern, dass es zwar insgesamt eine große „Maschine" für diese Aufgabe gibt, die aber aus mehreren distinkten Proteinkomplexen besteht, welche für bestimmte Teilschritte verantwortlich sind, die sich aber nicht einer „Membranbasis" (Toc –äußere Hüllmembran, Tic –innere Hüllmembran), sondern eher einer funktionellen Basis oder Klasse zuordnen lassen. Des Weiteren gibt es viele in der Zusammensetzung ähnliche Transportkomplexe (z.B. K920 und Pk8.5), sodass auch über gewisse Assemblierungskaskaden in Abhängigkeit von der aktuellen Transportsubstratposition und -interaktion spekuliert werden kann. Diese Erweiterung bedeutet u.a. auch die Festigung des Modelles des Proteintransportes am Chloroplasten durch dynamische TocTic-Superkomplexe.

Des Weiteren kann festgehalten werden, dass diese hochmolekulare Proteinkomplexe mit hoher Anzahl an Untereinheiten wahrscheinlich den Proteintransport jenseits des initiierenden Toc-Kernkomplex über die gesamten Kompartimente des Intermembranraum, innere Hüllmembran und Stroma hinweg übernehmen. Dabei spielt es keine Rolle, ob das Transportsubstrat ein stark hydrophobes Membranprotein oder ein lösliches Protein darstellt.

5 Diskussion

In beiden Fällen beteiligt sich zumindest K920 am Transport dieser Substrate. Die auf diesen Schritt folgende Sortierung übernehmen wahrscheinlich andere, hier nicht charakterisierte Komplexe. Im Zusammenhang mit der Erweiterung des Modells der dynamischen Natur der Transportkomplexe und ersten Voruntersuchungen zur Induktion der Assemblierung der Transportmaschine durch Präsenz von Transportsubstraten kann angenommen werden, dass die chloroplastidäre Transportmaschinerie im „Ruhezustand" tlw. disassembliert vorliegt und wahrscheinlich erst bei Kontakt des Vorläuferproteins mit dem Transportinitiationskomplex (K750) sich in die großen, funktionellen Transportkomplexe assembliert.

Im Detail unterstützen die Ergebnisse dieser Arbeit das Modell von Kikuchi *et al.* 2009, in dem weder Tic20 und Tic110 einen gemeinsamen Komplex bilden noch dass Tic110 die „Pore" der inneren Hüllmembran für die Proteintransporte darstellt. Wahrscheinlicher, aber (noch) nicht nachgewiesen ist, dass Tic20 evtl. mit anderen dazu homologen Proteinen diese Funktion übernimmt.

Die vielen Einzelergebnisse zusammengenommen können die einzelne Proteinuntereinheiten der Transportmaschinerie besser in Zusammenhang gebracht und der gesamte Transportprozess kann besser in logische Teilschritte zerlegt werden. Zur Veranschaulichung wurde daher dieses erweiterte Modell visualisiert und ist in Abb. 48 dargestellt.

Die durch diese Arbeit gewonnenen Aussagen können kurz zusammengefasst folgendermaßen formuliert werden: „Das Modell des Proteintransport in den Hüllmembranen des Chloroplasten muss um mannigfaltigere und dynamischere Interaktionen zwischen Proteinkomplexen, welche Toc- und Tic-Untereinheiten inklusive molekularer Chaperone enthalten, erweitert werden. Diese Interaktionen manifestieren sich auch in verschiedenen hochmolekularen Komplexklassen, welche im Zusammenspiel die Translokation von Proteinen über die chloroplastidären Hüllmembranen bewerkstelligen."

5.2 Modelldiskussion

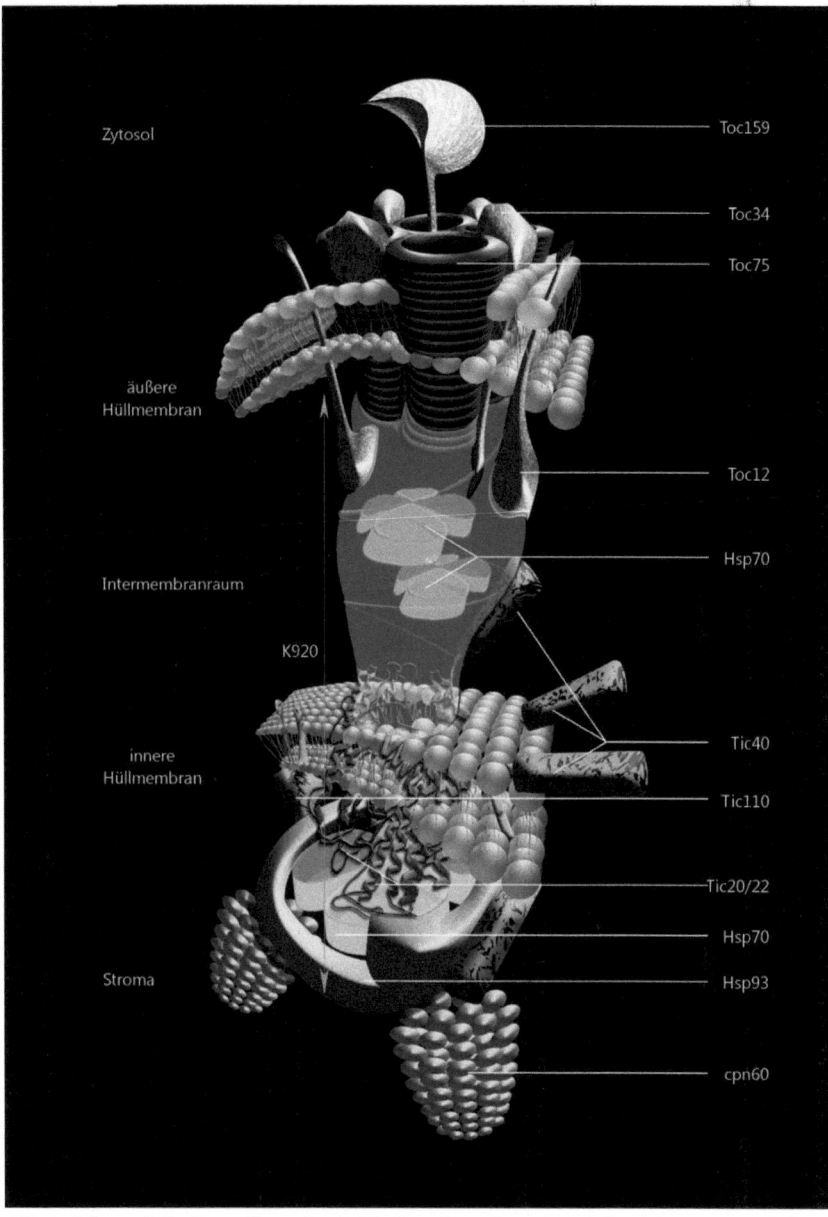

Abb. 48 Schematische Darstellung des TocTic-Superkomplex mit K920 bei Substratpräsenz (Substrat nicht eingezeichnet). Ungefähre Ausdehnung des K920 ist eingetragen.

6 Material&Methoden

6.1 Material

6.1.1 Organismen

Spinacia oleracea L., Sorte Lina

Arabidopsis thaliana (L.) Heynh., Ökotyp Columbia 5-13

Medicago sativa L.,

Pisum sativum L., var. Feltham First

Bos primigenius taurus L.

Yarrowia lipolytica

Anabaena spec. BORY DE ST.-VINCENT 1886

Mitochondrien aus Rinderherzen und *Y. lipolytica* wurden freundlicherweise zur Verfügung gestellt von Volker Zickermann & Ulrich Brandt (Goethe-Universität-Frankfurt). Zellwand- und Thylakoidpräparationen von *Anabaena spec.* wurden freundlicherweise von Alexander Hahn (Goethe-Universität-Frankfurt) bereitgestellt.

6.1.1.1 Kultivierungsbedingungen der Pflanzen

Der verwendete Spinat (*Spinacia oleracea*, Sorte Lina) wurde als hydroponische Kultur in Nährsalzlösung angezogen. Die Lösung wurde mittels Aquariumpumpen ständig belüftet. Die Anzucht erfolgte in Klimakammern unter Kurztagbedingungen (8 h Licht – 16 h Dunkel-Rhythmus) und einer Temperatur von ca. 18 °C.

Tabelle 1. Zusammensetzung Kulturmedium Spinat

Nährsalze	Spuren
6 mM KNO_3	46 µM H_3BO_3
4 mM $Ca(NO_3)_2$	9 µM $MnCl_2$ x 4 H_2O
2 mM $MgSO_4$	0,77 µM $ZnSO_4$ x 7 H_2O
2 mM KH_2PO_4	0,32 µM $CuSO_4$ x 5 H_2O
0,04 mM Fe-EDTA	0,12 µM Na_2MoO_4

6.1 Material

Die Wildtyp-Samen von *Pisum sativum* und *Medicago sativa* wurden auf Blumentopferde ausgesät. Die Keimung und Kultur der Pflanzen erfolgte unter Landtagsbedingungen (12 h Licht – 12 h Dunkel-Rhythmus) und Temperaturen von 20 °C. *Pisum sativum* wurde nach ca. 8 Tagen, *Medicago sativa* nach ca. 14 Tagen geerntet.

6.1.1.2 Bakterienstämme für die Molekularbiologie

- DH5α (F⁻ endA1 glnV44 thi-1 recA1 relA1 gyrA96 deoR nupG φ80dlacZΔM15 Δ(lacZYA-argF)U169, hsdR17(r_K^- m_K^+), λ⁻ (Hanahan, 1983)
- Top10 (F⁻ mcrA Δ(mrr-hsdRMS-mcrBC) φ80lacZΔM15 ΔlacX74 nupG recA1 araD139 Δ(ara-leu)7697 galE15 galK16 rpsL(Str^R) endA1 λ⁻ Invitrogen

Die Selektionsantibiotika Ampicillin/Carbenicillin und Kanamycin wurden in Standardkonzentrationen eingesetzt.

6.1.2 Vektoren

Tabelle 2. Übersicht der benutzten Vektoren

Bezeichnung	Promotor	Enhancer	Resistenz	Referenz
pBluescript	T3, T7	/	Amp^r	Stratagene
pBAT	T3	β-globin-leader	Amp^r	(Annweiler et al., 1991)
pIVEX 1.3 WG	T7	(Akbergenov et al., 2004)	Amp^r	Roche®
pF3K_SII	SP6, T7	BYDV (*barley yellow dwarf virus*)	Kan^r	Promega®/diese Arbeit
pCMV-Sport6	SP6	native UTR	Amp^r	Invitrogen®

6.1.3 Chemikalien

Die verwendeten Chemikalien in p.a. Qualität wurden soweit nicht anders ausgezeichnet von den Firmen Applichem (Darmstadt), Merck (Darmstadt), Roth (Karlsruhe), Serva (Heidelberg), Sigma-Aldrich (Deisenhofen), Invitrogen (Karlsruhe) sowie im Falle der Radiochemikalien von den Firmen Amersham Pharmacia (Braunschweig) und Perkin-Elmer (Rodgau-Jügesheim) bezogen.

6 Material&Methoden

6.1.4 Enzyme

Alle Enzyme für molekularbiologische Arbeiten stammen, soweit nicht anders angegeben, von der Firma Fermentas (St. Leon-Rot). Weiter wurden verwendet:

Tabelle 3. Übersicht der benutzten Enzyme

Bezeichnung	Firma	Arbeitskonzentration
Micrococcal Nuclease	Fermentas	0,1 U/µl
Thermolysin	Sigma-Aldrich	0,1 mg/ml
Phusion	Finnzymes	0,1 U/µl
RiboLock™ RNase Inhibitor	Fermentas	0,4 U/µl
Apyrase	NEB	0,1 U/µl

6.1.5 Reaktionskits

Tabelle 4. Übersicht der benutzten Reaktionskits

Anwendung	Produktname	Hersteller
Isolierung von Plasmid-DNA (Miniprep)	NucleoSpin®Plasmid	Macherey-Nagel
Isolierung von Plasmid-DNA (Midiprep)	NucleoBond®PC 100	Macherey-Nagel
Reinigung von DNA-Fragmenten	NucleoSpin® Extract	Macherey-Nagel
Sequenzierung von DNA	ABI PRISM® dRhodamine	Applied Biosystems
	BigDye® Terminator v1.1Cycle Sequencing Kit	Applied Biosystems
Ligation von PCR Produkten	TOPO TA Cloning® K4510-22	Invitrogen
in vitro Proteinsynthese	RTS 100 Wheat Germ CECF Kit	Roche
	RTS 500 Wheat Germ CECF Kit	Roche
	TNT® SP6 High-Yield Wheat Germ Protein Expression System	Promega
	Flexi® Rabbit Reticulocyte Lysate System	Promega
	Wheat Germ Extract	Promega

6.1 Material

6.1.6 Größenstandards / Marker

Tabelle 5. Übersicht der benutzten Größenstandards

Anwendung	Bezeichnung	Firma
DNA-Marker	HyperLadder I	Bioline
	1 kB DNA Ladder	Invitrogen
Protein-Marker	HMW Native Marker	GE Healthcare
	PageRuler™ Prestained	Fermentas

6.1.7 Oligonukleotide / Nukleinsäuren

Die in der folgenden Tabelle aufgeführten Primer wurden zur direkten, gerichteten Klonierung (mittels beinhaltender kompatibler Restriktionsendonukleasenschnittstellen) der PCR-Fragmente in vorbereitete Vektoren benutzt. Als Matrizen dienten wenn möglich schon vorhandene Gen-beinhaltende Plasmide oder *A. thaliana* cDNA. Einzig das IRT3-Konstrukt wurde über das Topo TA 2.1® System erstellt, bei dem die Restriktionsschnittstellen aus dem Topo-Vektor benutzt werden.

Tabelle 6. Zusammenstellung der benutzten Primer

Insert & Vektor	forward Primer 5'- 3'	reverse Primer 5'- 3'
TPT pIVEX	TAT CATATG ATGGAGTCGCGAGTTTTGTC	T GAGCTC AGTAGACTTCATTTGTCGTTTCTC
HP45 pIVEX	TAT CATATG ATGGCTACTCTTTTAGCCACTCC	T GAGCTC GCCGACGACCGCTAGCAAACTCT
HP45 pBAT	T ACTAGT GTGCCGTCTCTTAGAATCACATCC	CA GCGGCCGC CCTTTGTGACAAATTTTTGGAAAGC
SSU pF3K_SII	TAT GCGATCGC ATGGCTTCCTCCGTCCT	T CCCGGG GTAGCCAGCAGGCTTGTA
TPT7-8 pF3K_SII	TAGT GCGATCGC ATGGAGTCGCGAGTTTTGTC	T CCCGGG AGTAGACTTCATTTGTCG
TIM22-2 pBAT	T CCCGGG AATTTTATCTCATAGGCGCGCG	CA TCTAGA GAAACATTGTGCAAAGGGAACCCCCTAA
IRT3 pBAT	CTTGCCATTTGGGCTTTAAGGGCGAATTC	GAATTCGCCCTTAAAGCCCAAATGGCAAG
Toc33	TGA AAGCTT GCTTTTCTCTGCGGAACACATCGA	TA TCTAGA TTATGATTGGGAAACATCC
Toc34	TGA AAGCTT GGAGACAACGGCAAATGAAGATGG	TA TCTAGA ACGAGAGGCTAAAGAAGATG
Toc12	T GAATTC ATTAAATCCTAAAATCCATTATTGATTG	TA TCTAGA CACAAAGGAGAGATTACTTTATTCAC
Tic110	T CCCGGG GTTCGCATCTCTATCTTCTTCCG	CA TCTAGA GGGATACATTCTCGTTTGCAG
HP20	T CCCGGG GAAACGCATCGTTTAGTATCGTCGTCTTC	CA TCTAGA CCCGTAATGATTTTGTCAAAGAACGCCTCAGG
HP30	T CCCGGG AGAGATAAGACTGAGAAGCAG	CA TCTAGA TCGAATCACTTTGGTGATTGGCC

6 Material&Methoden

Zur Sequenzierung der Konstrukte wurden Standardprimer passend zu den jeweiligen Vektoren benutzt, jeweils im 5'- und im 3'-Bereich des Konstruktes.

Die zur Modifikation des pF3K-Plasmides eingesetzten Primer sind:

- CGCCATATGGATATCACTAGTCTCGAGCGGCCGCCCGGGGGTTCTTGGAGCCA CCCCCAGTTCGAGAAGTAAGTTT
- AAACTTACTTCTCGAACTGGGGGTGGCTCCAAGAACCCCCGGGCGGCCGCTCG AGACTAGTGATATCCATATGGCGAT

Diese wurden vor Ligierung in pF3K (ohne Barnase-Insert) hybridisiert. Der nun entstandene Vektor pF3K_SII enthält damit folgende Klonierungskassette:

5' NdeI, EcoRV, SpeI, XhoI, NotI, Eco52I, XmaI, SmaI, ...Linker... StrepTagII 3'

6.1.8 cDNA-Klone

Tabelle 7. Übersicht der benutzten cDNA-Klone

Bezeichnung	in Vektor	Funktion	Gen-ID / Klon-Nr.	Quelle
TPT	pBSC	Triosephosphat/Phosphat Translokator	X13754	(Annweiler et al., 1991)
TPT	pIVEX1.3	Triosephosphat/Phosphat Translokator	X13754	diese Arbeit
SSU	pBSC	small subunit of Rubisco	Q43832	AK Klösgen
SSU	pF3K_SII	small subunit of Rubisco	Q43832	diese Arbeit
FNR	pBAT	Ferredoxin−NADP(+) Reduktase	X07981	Promega®
TPT7-8	pF3K_SII	PT80/343-404	/	diese Arbeit
tpTPT_EGFP	pBAT	Transitpeptid TPT + EGFP	/	(Janssen, 2005)
TPT1_EGFP	pBAT	Transitpeptid − 1. TMH TPT + EGFP	/	AG Klösgen
TPT2_EGFP	pBAT	Transitpeptid & 2. TMH TPT + EGFP	/	AG Klösgen
TPT1-2_EGFP	pBAT	Transitpeptid − 2. TMH TPT + EGFP	/	(Janssen, 2005)
TPT7-8_EGFP	pBAT	Transitpeptid & 7.-8. TMH TPT + EGFP	/	(Janssen, 2005)
TPT7-8	pT3T7	PT80/343-404	/	(Gröner, 2000)

TPT3-8	pT3T7	PT80/155-404	/	Gröner, 2000)
HP45	pBAT	rhodopsin-like receptor, G-Protein signalling pathway	AT1G32080	diese Arbeit
IEP37	pCMV-Sport6	inner envelope protein 37 kDa	AT3G63410 / BX823184	INRA - CNRGV
SCDF1	pCMV-Sport6	similar to CDF1 (cell growth defect factor 1)	AT3G51140 / BX824235	INRA - CNRGV
ANTR2	pCMV-Sport6	anion transporter 2	AT4G00370 / BX826481	INRA - CNRGV
Tim22-2	pBAT	atTim22, Paralog	At3g10110	diese Arbeit
IRT3	pBAT	metal ion transmembrane transporter IRT3	AT1G60960	diese Arbeit
CF_0II	pBSC II KS (+)	Untereinheit II der chloroplastidären ATP-Synthase	X71397	(Michl et al., 1994)
GUS	pIVEX	Glucuronidase	/	Roche©
LUC	nur RNA	Luziferase	/	Promega©
Toc33	pBAT	Toc-Komplex-Untereinheit von 33 kDa	AT1G02280	diese Arbeit
Toc34	pBAT	Toc-Komplex-Untereinheit von 34 kDa	AT5G05000	diese Arbeit
Toc12	pBAT	Toc-Komplex-Untereinheit von 12 kDa	AT1G80920	diese Arbeit
Tic40	pCMV-Sport6	Tic-Komplex Untereinheit von 40 kDa Größe	AT5G16620 / BX833255	INRA - CNRGV
Tic110	pBAT	Tic-Komplex Untereinheit von 110 kDa Größe	AT1G06950	diese Arbeit
HP20	pBAT	low homology TIM17/TIM22	AT4G26670	diese Arbeit
HP22	pBAT	low homology TIM17/TIM22	AT5G55510 / BX833100	INRA - CNRGV
HP30	pBAT	low homology TIM17/TIM22	AT3G49560	diese Arbeit
HP30-2	pBAT	low homology TIM17/TIM22	AT5G24650 / BX831040	INRA - CNRGV

6.1.9 Antikörper

Folgende Antikörper sind polyklonal und wurden in Kaninchen produziert. Nur der Penta-His-Ak ist ein monoklonaler Antikörper und stammt aus Maus-Hybridomzellen.

Tabelle 8. Zusammenstellung der benutzten primären Antikörper

Name	Antigen	Spezifität	Anwendung	Arbeits-konzentration	Referenz
Toc34	psToc34	Erbse, Spinat, Arabidopsis	antibody-shift, Western-Blot	1:3000	AG Schleiff
Toc75	psTOC75; POTRA Domäne #1	Erbse, Spinat,...	Western-Blot	1:2000	Agrisera®, Vännäs
Toc159	A-Domäne Toc159 *A. thaliana*	Erbse, Spinat, Arabidopsis	Western-Blot	1:1000	(Hust, 2007)
Tic110	Volllänge psTic110	Erbse, Spinat	Western-Blot	1:1000	AG Schleiff
Tic40	Peptid von *A. thaliana* Tic40	*A. thaliana*	Western-Blot	1:1000	Agrisera®, Vännäs
cpn60	Hsp60	Hefe	Western-Blot	1:1000	Th. Langer
His-Tag	polyHistidin-tagged Protein	n.r.	Western-Blot	1:5000	Sigma-Aldrich®

Folgende sekundäre Antikörper wurden eingesetzt:

Anti-Mouse IgG–Horseradish Peroxidase antibody produced in rabbit Dianova

Anti-Rabbit IgG– Horseradish Peroxidase antibody produced in goat Dianova

6.1.10 Geräte & Zubehör

Phosphoimager: Phosphofluoroimager Fujifilm FLA-3000 mit Fujifilm BAS-System

6.2 Molekularbiologische Methoden

6.2.1 Standardmethoden

Molekularbiologische Methoden wurden, sofern nicht einzeln aufgeführt, nach (Sambrook, 2001) durchgeführt. Wurden kommerziell verfügbare Enzyme benutzt, so wurden die Reaktionen nach Herstellerangaben durchgeführt.

6.2.2 Polymerasekettenreaktion (PCR)

Die PCR zur Erstellung von cDNA-Klonen aus A.thaliana RNA wurde mit dem Enzym Phusion® der Firma Finnzymes (Espoo, Finnland) nach Herstellerangeben durchgeführt.

Alle weiteren analytischen PCRs wurden mit der Dreamtaq® von Fermentas (St. Leon-Rot) nach Herstellerangaben durchgeführt.

6.2.3 Herstellung des pF3K_SII Plasmides

Das pF3K_SII-Plasmid wurde aus dem pF3K-Plasmid von Promega abgeleitet. Dazu wurde das Barnase-Insert entfernt und mittels komplementärer Primer eine *multicloning-site* mit C-terminalen Strep-TagII eingefügt. Die Sequenz dieses Primers ist unter 5.1.7 zu finden.

6.3 Proteinbiochemische Methoden

6.3.1 Isolation von Chloroplasten aus Spinat/Erbse/Luzerne

Alle Schritte dieser Präparation wurden im Kühlraum oder auf Eis durchgeführt. Soweit die Chloroplastensuspension pipettiert werden musste, geschah dies mit abgeschnittenen Spitzen, um die Scherkräfte während des Pipettierens auf die Chlorplasten zu minimieren. Aus allen drei Pflanzenarten konnte mit diesem Protokoll erfolgreich Chloroplasten isoliert werden. Das Ausgangsblattmaterial (~60g) wurde am Tag der Präparation geerntet und gewaschen. Danach wurde es in 200 ml Homogenisationsmedium im *waring blender* für zwei bis drei (höchstens) Sekunden zerkleinert. Das Homogenat wurde anschließend durch zwei Lagen Miracloth in zwei 250 ml Zentrifugenbecher filtriert. Währenddessen wurden zwei Percollgradienten (85%, 40%) in 15ml Corex-Röhrchen vorbereitet. Das Filtrat wurde anschließend zwei Minuten bei 2.500 x g zentrifugiert. Nach dem Verwerfen des Überstandes wurde das Sediment in 5 ml Homogenisationsmedium mit einem Pinsel resuspendiert. Diese Suspension wurde auf die Percollgradienten geschichtet und zehn Minuten bei 8.000 x g zentrifugiert. Danach wurden die Thylakoide, welche auf dem 40%-Percollkissen aufliegen mittels einer Pasteurpipette entfernt und die intakten Chloroplasten, welche auf dem 85%-Percollkissen aufliegen, mit einer Mikroliterpipette abgenommen und in ein neues Corex-Röhrchen überführt. Nach zweimaligen Waschens (Pelletieren: zwei Minuten bei 2.000 x g) wurden die Chloroplasten in Homogenisationsmedium aufgenommen, sodass die Chlorophyllkonzentration bei mehr als 2µg/µl lag.

Anschließend wurde die exakte Chlorophyllkonzentration mittels Acetonfällung spektrophotometrisch (Arnon, 1949) ermittelt und auf 2µg/µl eingestellt.

Tabelle 9. Zusammenstellung der benutzten Puffer zur Chloroplastenpräparation

Puffername	Konzentration	Stoff
Homogenisationsmedium	330 mM	Sorbitol
	50 mM	Hepes/KOH pH 7,6
	2 mM	EDTA
	1 mM	$MgCl_2$
	1 mM	$MnCl_2$
PBF-Percoll-Stammlösung	3% (w/v)	PEG 6000
	1% (w/v)	BSA
	1% (w/v)	Ficoll
	ad	Percoll
Percollstufengradient	330 mM	Sorbitol
	50 mM	Hepes/KOH pH 7,6
	2 mM	EDTA
	1 mM	$MgCl_2$
	gewünschte Percollkonz.	Percoll

6.3.2 *in vitro* Synthese radioaktiv markierter Proteine

Die *in vitro* Synthese der Importsubstrate wurde standardmäßig für jeden Importansatz mit sich anschließender Gelelektrophorese von Gesamtchloroplasten (3.1, 3.3) mit dem *Flexi*® *Rabbit Reticulocyte Lysate System* von Promega durchgeführt. Für vergleichende Syntheseanalysen (z.B. Abb. 10) wurde in einigen Experimenten der *Wheat Germ Extract* von Promega benutzt. Dabei wurde in beiden Fällen ein vom Hersteller abweichendes Protokoll evaluiert und benutzt, welches unten aufgeführt ist.

Für die Importansätze im höheren quantitativen Maßstab (3.4.2, 3.4.3) wurden wie aufgeführt (5.1.5) hocheffiziente Weizenkeimextrakte nach Herstellerangaben benutzt.

6.3 Proteinbiochemische Methoden

6.3.2.1 in vitro Transkription

Die *in vitro* Transkription von linearisierten Plasmiden wurde mit Transkriptionssystemen der Firma Fermentas nach Herstellerangaben (ohne CAP) in einem 25µl Reaktionsvolumen durchgeführt. Anschließend wurde die Reaktion mittels Elektrophorese überprüft und dem Ansatz so viel Ethanol/Acetat zugegeben, um die RNA unlöslich und damit lagerfähig bei -20°C zu machen.

6.3.2.2 in vitro Translation mit dem Flexi® Rabbit Reticulocyte Lysate System

Das Retikulozytenlysat des Herstellers Promega wurde wie folgt zur *in vitro* Synthese von radioaktiv (^{35}S-Methionin) markierten Importsubstrat verwendet:

Tabelle 10. Pippetierschema zur *in vitro* Proteinsynthese mittels Flexi® Rabbit Reticulocyte Lysate System

Komponente	Menge in µl
ddH$_2$O	4,5
Retikulozytenlysat	6,25
Aminosäure-Mix (ohne Methionin)	0,25
1 M KCl	0,75
100 mM DTT	0,25
^{35}S-Methionin	0,5
	=12,5 µl

Der damit erstellte *Master-Mix* wurde auf das (die) getrocknete RNA-Pellet(s) aliquotiert, welche(s) zuvor 30 Minuten bei 15.000 x g präzipitiert wurde(n).

6.3.2.3 in vitro Translation mit dem Wheat Germ Extract

Der Weizenkeimextrakt des Herstellers Promega wurde wie folgt zur *in vitro* Synthese von radioaktiv (^{35}S-Methionin) markierten Importsubstrat verwendet:

Tabelle 11. Pipettierschema zur *in vitro* Proteinsynthese mittels Wheat Germ Extract

Komponente	Menge in µl
ddH$_2$O	4,525
Weizenkeimextrakt	6,25
Aminosäure-Mix (ohne Methionin)	1
RNase Inhibitor	0,125
^{35}S-Methionin	0,6

	=12,5 µl

Der damit erstellte *Master-Mix* wurde ebenfalls auf die getrockneten RNA-Pellets aliquotiert, welche zuvor 30 Minuten bei 15.000 x g präzipitiert wurden. Da das Weizenkeimextrakt besonders sensibel gegenüber Gefrier/Tauzyklen ist, wurden einmal aufgetaute Extrakte in Gänze verbraucht und die Reaktionen als Aliquots für zukünftige Experimente bei -80°C gelagert.

6.3.3 *in organello* Importexperimente

Für die *in organello* Importexperimente wurden die Chloroplastensuspension und die *in vitro* Translation folgendermaßen vereinigt:

Tabelle 12. Pipettierschema für *in organello* Importreaktion

Komponente	Menge in µl
3x Importpuffer	50
in vitro Translation	10
Chloroplasten	10 µg Chlorophyll
ddH$_2$O	*ad* 150 µl

Bei allen Schritten mit intakten Chloroplasten wurde mit abgeschnittenen Pipettenspitzen gearbeitet, um Scherkräfte zu minimieren. Nach Vereinigung des Importansatzes wurde dieser für 20 Minuten bei 4°C inkubiert. Danach wurde durch Hinzufügen von 400 µl Homogenisationspuffer der Importansatz verdünnt. Darin wurden 400 µl des 40 % Percollgradienten unterschichtet (an der Reaktionsgefäßwand ablaufen lassen) und anschließend für eine Minute bei 10.000 x g zentrifugiert. Damit ist die Importreaktion beendet, da sich jetzt die Chloroplasten von der Translationsreaktion abtrennen. Anschließend wird das Chloroplastenpellet in mind. 500µl Homogenisationsmedium gewaschen, erneut pelletiert um dann im für die jeweilig folgende Analyse passenden Probenpuffer aufgenommen zu werden.

Bei Analyse mittels SDS-PAGE und Unterteilung in C+ und C- Fraktion wurde das Pellet nach Waschen in 400 µl Homogenisationspuffer (ohne ETDA) in zwei 200 µl Anteile geteilt, wobei eines als Protease unbehandelte Fraktion (C-) sofort wieder pelletiert wurde und im Schägger-Proben-Puffer aufgenommen wurde. Der C+ Fraktion wurden pro 10 µg Chlorophyll 8µg Thermolysin und 4 mM CaCl$_2$ hinzufügt und 30 Minuten bei 4°C inkubiert.

6.3 Proteinbiochemische Methoden

Nach Pelletieren der C+ Chloroplasten wurden diese in Schägger-Probenpuffer inklusive 10 mM EDTA resuspendiert.

Bei Analyse mittels nativer PAGE wurde das Chloroplastenpellet im zu dem jeweiligen System passenden nativen Probenpuffer resuspendiert. Bei Behandlung von Importchloroplasten mit Protease, welche danach per Nativgel analysiert werden sollten, wurde ähnlich der Vorgehensweise bei SDS-PAGE der Importansatz halbiert, wobei eine Hälfte mit Thermolysin und $CaCl_2$ für 20 min inkubiert wurde. Danach erfolgte die Abtrennung der Protease mittels Pelletieren der Chloroplasten. Anschließend wurde 1x in Homogenisationsmedium gewaschen und anschließend in dem jeweiligen Nativ-Probenpuffer solubilisiert, welcher zusätzlich 5 mM EGTA enthielt.

Tabelle 13. Übersicht der benutzten Puffer der Importreaktion sowie anschließender Probenlyse

Puffername	Konzentration	Stoff
Importpuffer 3x	750 mM	Sorbitol
	150 mM	Hepes/KOH pH 7,6
	30 mM	Methionin
	75 mM	Kaliumgluconat
	6 mM	$MgCl_2$
	0,6% (w/v)	BSA
Schägger-Proben-Puffer 4x	12% (w/v)	SDS
	30% (w/v)	Glycerol
	0,05% (w/v)	Coomassie CBB-G250
	6% (v/v)	ß-mercapto-Ethanol
	150 mM	Tris pH 7,0
	±10 mM	EDTA
hrCN-PAGE & BN-PAGE Probenpuffer	1,25% (w/v)	Digitonin
	50 mM	BisTris pH7,0
	250 mM	Aminocapronsäure
	5 mM	DTT
	0,5 mM	AEBSF
	10 µM	E-64
	0,1 U/µl	Micrococcal Nuclease
	1 mM	$CaCl_2$
	15 % (w/v)	Glycerol
HDN-PAGE Probenpuffer	1,25% (w/v)	Digitonin
	100 mM	Tris pH 8,0
	250 mM	Aminocapronsäure
	5 mM	DTT
	0,5 mM	AEBSF
	10 µM	E-64
	0,1 U/µl	Micrococcal Nuclease

1 mM	CaCl$_2$
15 % (w/v)	Glycerol

6.3.4 Veränderung der Energiebereitstellung für die Importreaktion

Zur Depletion des internen ATP-Vorrates der Chloroplasten wurde die Chloroplastensuspension 10 min vor der Importreaktion mit 5 µM Nigericin und 5 µM CCCP im Dunkeln auf Eis inkubiert. Zur Verringerung des externen ATP-Niveaus wurde die Translationsreaktion für 5 min bei 30°C mit 0,1 U/µl Apyrase inkubiert. Für eine verlangsamte Importreaktion wurden beide Inkubationen kombiniert. Der Einsatz von yS_ATP erfolgte durch Zugabe in die schon beendete Translation 5 min vor der Importreaktion in 2 µM Konzentration.

6.3.5 Fraktionierung der Chloroplasten

Die Fraktionierung der Chloroplasten in Hüllmembranen, Stroma und Thylakoide ist eine Kombination aus einem osmotischem Schock (welcher die Unterschiedliche Integrität von Thylakoid- und Hüllmembranen ausnutzt) mit anschließender differentieller Zentrifugation. Die beiden Hüllmembranen werden wegen der sie überspannenden Proteinkomplexe nicht voneinander getrennt. Die durch den Schock entstehenden Vesikel schließen Stroma und vermutlich Vesikel der Thylakoidmembrangenese ein (Vothknecht and Westhoff, 2001). Diese Kontaminationen sind jedoch vernachlässigbar, wenn in den folgenden Zentrifugationsschritten auf eine strikte Trennung zwischen Thylakoiden und Hüllmembranvesikeln geachtet wird.

Der Importansatz wird im Sinne einer besseren Handhabbarkeit 10x angesetzt (Translation bleibt 1x). Aus den so eingesetzten 100 µg Chlorophyll wird am Präparationsende ein wahrnehmbares Hüllmembranenpellet erzeugt, welches beim Waschen verfolgt werden kann. Das gewaschene Chloroplastenpellet nach Import wird in 400 µl HM-Medium resuspendiert. Dies enthält kein Osmotikum, was zur Abtrennung der Hüllmembran von den Chloroplasten und deren Vesikulierung führt. Nach Zentrifugation der Probe bei 3.500 x g für drei Minuten (4°C) setzen sich die Thylakoide ab und der Überstand kann vorsichtig abgenommen werden. Danach werden die Thylakoide nochmal im selben Volumen HM gewaschen und wieder bei 3.500 x g für drei Minuten zentrifugiert. Der Überstand wird mit dem nach der ersten Waschung vereinigt. Das Thylakoidpellet kann nun im zum

6.3 Proteinbiochemische Methoden

nachfolgenden Gelsystem zugehörigen Probenpuffer resuspendiert werden, wobei max. 1/3 davon aufgetragen werden sollten.

Um eine schnellen Aufarbeitungsprozess zu gewährleisten, damit die Proteintransportreaktionen in der Hüllmembran schnell durch Solubilisierung gestoppt werden können, wird die Hüllmembran/Stroma-Mischung für drei Minuten bei 4°C und 16.000 x g zentrifugiert. Die Größe der Vesikel reicht aus, um schätzungsweise ≤ 90% davon zu pelletieren. Nach dem Zentrifugieren kann das Stroma abgenommen werden und das Hüllmembranenpellet in HM-Puffer gewaschen werden. Nach erneuter Zentrifugation bei 16.000 x g und 4°C für drei Minuten kann das Hüllmembranpellet im entsprechenden Probenpuffer aufgenommen werden.

Tabelle 14 Zusammensetzung des HM-Puffers

Puffername	Konzentration	Stoff
HM-Puffer	20 mM	Hepes-KOH pH 7,6
	0,5 mM	AEBSF
	0,01 U/µl	Apyrase
	10 µM	E-64

6.3.6 Native Solubilisierung der Membranproteine/Probenaufarbeitung

Nachdem die Importchloroplasten von Importansatz abgetrennt und gewaschen wurden, erfolgte für die sich anschließende Nativgelelektrophorese die Solubilisierung im nativem Probenpuffer. Dazu wurden pro µg Chlorophyll 5 µl Solubilisierungspuffer auf das Pellet gegeben und mittels rigorosem Mischen auf einem temperierten (4°C) Schüttler oder „Vortexer". Danach erfolgte eine 30 minütige Inkubation der Proben auf Eis, gefolgt von einer 30 minütigen Zentrifugation bei 42.100 x g (4°C) zum Abtrennen nichtsolubilisierter Bestandteile. Der Überstand der Zentrifugation wurde in ein neues Reaktionsgefäß überführt, wobei darauf geachtet wird, dass so wenig wie möglich vom flotierenden Pellet mitgenommen wird.

Mit Zugabe von 1 µl Coomassie-Lösung pro 10 µl Probe für die BN-PAGE und 0,05% DOC, 0,01% DDM sowie 0,1% Ponceau S (final) für die hrCN- und HDN-PAGE erfolgte ein 15 minütiger Inkubationsschritt auf Eis. Danach wurden die Proben nochmals bei 16.000 x g für mind. 30 Minuten (4°C) zentrifugiert, um alle nichtlöslichen Bestandteile abzutrennen. Unmittelbar vor dem Laden der Proben auf das jeweilige Gelsystem wurde die Zentrifugation beendet und die Proben aus dem Reaktionsgefäß im Hinblick auf eine mögliche Pelletbildung entnommen.

Coomassie-Lösung: 5% in 500 mM 6-Aminocapronsäure

6.3.7 Importkompetition

Die Kompetitionsexperimente wurden mit überexprimiertem Protein (Sammlung AG Klösgen) durchgeführt. Die Konzentrationen der Kompetitorproteine im Importansatz lagen zwischen 0 und 4 µM. Dabei wurde in jedem Ansatz die gleiche Konzentration Harnstoff zugesetzt. Der Kompetitormix (Kompetitorprotein + Harnstoff) wurde zusammen mit der Translation im Reaktionsgefäß vorgelegt. Anschließend wurde zunächst der Import-Mastermix und dann die Organellen entsprechend einem Standardimportexperiment (vgl. Abschnitt 5.3.3) zugegeben. Der Import und die Probenaufarbeitung erfolgten analog dem Standardimport (vgl. Abschnitt 5.3.3).

6.3.8 SDS-PAGE nach Schägger

Alle denaturierenden Gelelektrophoresen wurden nach dem Protokoll von (Schagger, 2006) durchgeführt.

6.3.9 *Blue Native* PAGE

Die sogenannte *blue native* PAGE wurde nach dem Protokoll von (Schagger et al., 1994) durchgeführt. Alle Gele wurden mit einem 4% - 12% Acrylamid-Gradienten gegossen.

6.3.10 *high resolution Clear Native* PAGE

Die nichtdenaturierende hrCN-PAGE wurde nach dem Protokoll von (Wittig et al., 2007) durchgeführt. Alle Trenngele wurden mit einem 4% - 12% Acrylamid-Gradienten gegossen. Das Sammelgel wurde ebenfalls mit 4% Acrylamid hergestellt. Aus den drei Varianten der hrCN-PAGE wurde die „hrCN-3" als mildeste Version der Detergentienart und -konzentration gewählt. Darüber hinaus wurden zusätzlich die Proben mit dem zur „hrCN-3" korrespondierenden Detergenziengemisch (0,05% DOC, 0,01% DDM) komplementiert.

6.3 Proteinbiochemische Methoden

6.3.11 High Definition Native PAGE

Die HDN-PAGE ist wie schon beschrieben eine Kombination aus den Vorteilen der hrCN-PAGE (Wittig et al., 2007) und der diskontinuierlichen Nativgelelektrophorese von (Niepmann and Zheng, 2006). Dabei finden eine milde Detergentienkombination (DOC&DDM) zur Ladungsvermittlung und ein diskontinuierliches Elektrophoresesystem zusammen. Die genaue Pufferzusammensetzung ist in der unteren Tabelle aufgeführt. Die HDN-PAGE kommt ohne Sammelgel aus, weswegen der Acrylamidgradient des Trenngels von 3,5% - 12% reicht. Zu beachten ist, dass der Kathodenpuffer, welcher möglichst frisch angesetzt werden sollte, zum Beginn der Elektrophorese gut gekühlt ist (4°C), da der genaue pH-Wert von der Temperatur abhängt und sich besonders hier bei einem diskontinuierlichem System auf den Lauf auswirkt. Wie bei allen anionischen Elektrophoresesystemen wird der Kathodenpuffer nicht pH-Wert korrigiert, dieser stellt sich aufgrund seiner Zusammensetzung (und der Temperatur) auf den gewünschten Wert ein.

Tabelle 15. Übersicht der Puffer der HDN-PAGE

Probenpuffer	Kathodenpuffer	Gelpuffer	Anodenpuffer
1,25% (w/v) Digitonin	100 mM Histidin Base	200 mM Tris pH 8,8	10 mM Tris pH 8,8
100 mM Tris pH 8,0	3 mM Tris Base	10 – 20% Glycerin	
250 mM ACA	0,05 % DOC		
5 mM DTT	0,01 % DDM		
0,5 mM AEBSF			
10 µM E-64			
0,1 U/µl Nuclease			
1 mM $CaCl_2$			
15 % (w/v) Glycerin			
pH 8,0	pH ~ 8,0	pH 8,8	pH 8,8

6.3.12 Zweidimensionale Gelelektrophorese

Die zweidimensionale Gelelektrophorese wurde größtenteils nach (Wittig and Schagger, 2009) ausgeführt. Nach Beendigung des Laufes der 1. Dimension wurden bei den Gelsystemen ohne Coomassie im Kathodenpuffer die Probenspuren aufgrund der Orientierung der Geltaschen und freier Pigmente der Lauffront angezeichnet. Mit Hilfe dieser Markierung wurden dann die Probenspuren ausgeschnitten. Von vorbereiteten SDS-PAGE-Trenngelen mit halbem Sammelgel wurden die Glasplatten geöffnet und die Gelstreifen der 1. Dimension darauf platziert. Zur Vermeidung von Luftblasen wurde ein kleines Volumen von unpolymerisierter Sammelgellösung vorgelegt und der Gelstreifen darin ausgerichtet. Danach

6 Material&Methoden

wurden die Glasplatten wieder zusammengefügt und das verbleibende Volumen zwischen Gelstreifen und oberer Glasplattenkante mit Sammelgellösung aufgefüllt. Zur Bildung einer Geltasche für den Proteinmarker wurde ein *Spacer* gleicher Dicke miteingebracht.

Im Gegensatz zu den soweit benutzten Methoden wurden die Gelstreifen vor dem 2.Gellauf nicht einer Inkubation mit SDS und ß-Mercaptoethanol unterzogen. Die Auflösung in der 2. Dimension der so (nicht) behandelten Proteinkomplexe der 1. Dimension ist höher als mit diesem Inkubationsschritt. Wahrscheinlich ist die DOC/DDM-Detergenzkombination kompatibler zu SDS, weswegen während der initialen Phase des Gellaufs im Sammelgel die Denaturierung durch das eindringende SDS ausreicht.

6.3.13 Proteintransfer auf immobilisierende Membranen / Western-Blot

Der Proteintransfer aus Gelen jeglicher Elektrophoresetypen wurde leicht modifiziert nach dem Drei-Puffer-System von (Khyse-Anderson, 1988) durchgeführt. Dieses diskontinuierliche System eignet sich aufgrund seiner Eigenschaften für viele Arten von Proteinproben, sowie sehr unterschiedliche Proteingrößen. Es erhöht die Transfergeschwindigkeit größerer Moleküle, während jene kleinerer Moleküle verringert wird. Der Verzicht auf den Einsatz von SDS im Kathodenpuffer erhöht die Transfereffizienz, da weniger Proteine aufgrund von hydrophoben Wechselwirkungen (besonders bei PVDF-Membranen) zwischen SDS und Membran „durchgeblottet" werden. Ein weiterer kritischer Parameter dieses Systems ist die Haltbarkeit der Puffer, welche wahrscheinlich aufgrund ihres Methanolgehaltes nicht länger als eine Woche verwendet werden können. Ebenfalls wichtig ist, dass nur der Kathodenpuffer pH-Wert-korrigiert wird, beide Anodenpuffer jedoch nicht.

Tabelle 16. Zusammenstellung der Puffer des III-Puffer-Blotting-Systems

Anodenpuffer I	Anodenpuffer II	Kathodenpuffer
0,3 M Tris	0,03 M Tris	0,025 M Tris/HCl pH 9,4
		0,04 M 6-Aminocapronsäure
20 % (v/v) Methanol	20 % (v/v) Methanol	20 % (v/v) Methanol

6.3.14 Immunodetektion mittels Chemilumineszenz

Nach dem Transfer der Proteine (Western-Blot) wurde die PVDF-Membran für eine Std. in Waschlösung I inkubiert, um unspezifische Bindungsstellen abzusättigen. Anschließend wurde mit den primären Antikörpern (5.1.9) für zwei Std. in Waschlösung I

6.3 Proteinbiochemische Methoden

inkubiert. Danach wurde viermal für fünf Min. mit Waschlösung I gewaschen und nachfolgend mit dem 2. Antikörper für 1 Std. inkubiert. Dieser sekundäre Antikörper ist mit einer Meerrettichperoxidase (*Horse Radish Peroxidase*, HRP) gekoppelt. Erneut wurde viermal für fünf Minuten mit Waschlösung II gewaschen. Abschließend wurde die Membran für eine Minute in ECL-Lösung inkubiert und die durch die Meerrettichperoxidase vermittelte Chemilumineszenz auf einem Film (Hyperfilm ECL, Amersham Bioscience) nachgewiesen.

Tabelle 17. Übersicht der benutzten Puffer zur Protein-Immunodetektion

10x PBS	Waschlösung. I	Waschlösung. II	ECL-Lösung
750 mM NaCl	1x PBS	1x PBS	50 mM Tris/HCL, pH 8,5
30 mM KCl	0,1 % (v/v) Tween 20	0,1 % (v/v) Tween 20	1,25 mM Luminol
45 mM Na_2HPO_4	5 % (w/v) Magermilchpulver		0,2 mM Coumarin
5 mM KH_2PO_4			3 mM H_2O_2

6.3.15 Stripping/Reprobing von Western-Blot-Membranen

Nach Detektion und Anzeichnen der Markerproteine wurde die Nitrocellulose-Membran kurz in Waschlösung II gewaschen. Danach erfolgte die Inkubation der Membran in *Stripping*-Lösung (2% SDS (w/v); 62,5 mM Tris-HCl, pH 6,8; 100 mM ß-Mercaptoethanol) für 30 min bei 50°C. Anschließend wurde die Membran 3x kurz mit Wasser gewaschen, dann 3x in Waschlösung II inkubiert und schließlich in Waschlösung I für 1h geschüttelt. Danach war die Membran wieder bereit für eine erneute Immunodetektion mit einem anderen primären Antikörper. Die Effizienz dieser Methode wurde vorher mit einem Detektionsschritt mit dem gleichen sekundären Antikörper überprüft. Die Sensitivität wurde mittels abschließender kolloidaler Silberfärbung der Membran überprüft.

6.3.16 Proteinfärbung

6.3.16.1 Coomassiefärbung

Die Färbung der Proteingele der Importreaktionen wurde standardmäßig vollzogen, um z.B. den nativen Größenmarker anzuzeichnen oder um die Proteinmengen kontrollieren zu können. Dazu wurden die Proteingele für 30 Minuten bei 50°C (Wasserbad) in Fixierer-/Entfärberlösung inkubiert, um Detergentien auszuwaschen. Danach erfolgte die Inkubation in Coomassiefärbelösung für mind. eine Stunde. Anschließend wurden die Gele wieder in frischer Fixierer-/Entfärbelösung bei 50°C inkubiert, bis das Verhältnis von Proteinsignal zu Hintergrund befriedigend ist.

Tabelle 18. Zusammensetzung der Coomassie-Färbelösung

Färbelösung	Fixierer/Entfärber
40 % Methanol	40 % Methanol
10 % Essigsäure	10 % Essigsäure
0,05 % Coomassie CBB G-250	

6.3.16.2 Silberfärbung

Bei den zur Silberfärbung benutzten Proteingelen wurde auf erhöhte Sauberkeit der Glasplatten und Acrylamidlösungen geachtet, um die Hintergrundfärbung des Gels zu minimieren. Weiter wurde jeder direkte Kontakt mit dem Gel, auch nicht über Handschuhe vermieden. Zum Einsatz kam ein modifiziertes Protokoll nach (Heukeshoven and Dernick, 1988). Die Gele wurden nach dem Lauf 3x für je 45 Minuten in Fixiererlösung inkubiert. Danach wurden sie 3x für je 20 Minuten in 30 % Ethanol gewaschen. Anschließend erfolgte eine wiederholte Waschung mit ddH$_2$O für jweils mind. 15 Minuten. Dann wurden die Gele für exakt eine Minute in 0,025% Na$_2$S$_2$O$_3$ inkubiert. Darauf folgte ein zweimal wiederholter Waschschritt mit ddH$_2$0 für jeweils ca. eine Minute mit anschließender Inkubation der Gele in 0,1% AgNO$_3$ für 30 Minuten. Danach erfolgte wiederum ein kurzer wiederholter Waschschritt mit ddH$_2$O mit anschließender Entwicklung der Färbung in gekühlter Lösung von 2,5% Na$_2$CO$_3$ und 0,02% Formaldehyd bis zum gewünschtem Signal/Hintergrundverhältnis. Gestoppt wurde die Färbung durch kurzes, wiederholtes Waschen in ddH$_2$O und anschließender 20 minütiger Inkubation in 10% Essigsäure.

6.3.16.3 Colloidale Silberfärbung von Proteintransfermembranen

Die colloidale Silberfärbung von Proteinen auf Transfermembranen ist kostengünstig bei gleichzeitiger hoher Sensitivität (>5 ng/Proteinbande). Des Weiteren ist die Färbung sehr schnell, auch wenn die Lösungen frisch angesetzt werden müssen. Es wurde das Protokoll von (Harper and Speicher, 2001) „BASIC PROTOCOL 5" benutzt.

6.3 Proteinbiochemische Methoden

6.3.17 Autoradiographie

Die gefärbten SDS-Gele (5.3.16.1) wurden auf Whatman-Papier in den Geltrockner gelegt und anschließend im Vakuum bei 80 °C für 2-2,5 Std. getrocknet. Der Proteinmarker wurde mit einer radioaktiven Lösung gepunktet, um die radioaktiv markierten Proteine der Proben nach der Exposition des Gels auf Phosphor-Imagescreens das Molekulargewicht zuordnen zu können. Die Auswertung der Autoradiographie erfolgte nach einigen Tagen mit Hilfe des Phosphofluoroimagers Fujifilm FLA-3000 und dem Programm AIDA (*advanced image data analyzer*-Raytest/Fujifilm).

6.3.18 In-Gel katalytische Färbung

Die Färbung der NADH-Oxidase-Aktivität im Gel wurde für Mitochondrien-Proben nach (Van Coster et al., 2001) angefertigt. Die NADH-Oxidase-Akivität der Chloroplasten- bzw. Thylakoidproben wurde durch Inkubation bei 30°C im Dunkeln in 50 mM K_3PO_4 (pH 8), 1 mM Na_2-EDTA, 0,2 mM NADH und 0,5 mg/ml Nitrotetrazoliumblau (NBT) angefärbt.

6.3.19 *Pulldown Assay* mittels Strep-Tag/Strep-Tactin-Interaktion

Nach Solubilisieren der Import¬chloroplasten in Lysepuffer mit 1,5% Digitonin wurde diese Lösung mit 50 mM Avidin (final) versetzt, um die endogenen biotinylierten Proteine abzusättigen. Davon wurden 60µl als Aliquot (Imp) abgenommen. Danach wurde die Probe mit 50µl Streptactin®-Sepharose versetzt und für 1h bei konstanter Bewegung bei Raumtemperatur inkubiert. Nach Pelletieren der Sepharose (20 min, 10.000x g 4°C) wurde ein Aliquot des Überstandes abgenommen (Durchfluß). Das Präzipitat wurde wiederholt mit Waschpuffer gewaschen. Die gebundenen Proteinkomplexe wurden mit 2 mM Desthiobiotin im Elutionspuffer von der Matrix gelöst. Aliquots vom Import, dem Durchfluss und dem Präzipitat wurden mittels Nativ-PAGE aufgetrennt.

Tabelle 19 Zusammensetzung der Puffer für Strep-Tag *Pulldownassay*

Waschpuffer	Elutionspuffer
0,25% (w/v) Digitonin	0,5% (w/v) Digitonin
50 mM BisTris pH 7,0	50 mM BisTris pH 7,0
250 mM ACA	250 mM ACA
5 mM DTT	5 mM DTT
0,5 mM AEBSF	0,5 mM AEBSF
10 µM E-64	10 µM E-64

0,1 U/µl Nuclease	
1 mM CaCl$_2$	
15 % (w/v) Glycerin	15 % (w/v) Glycerin
1 mM Avidin	2 mM Desthiobiotin

6.4 Sonstige Methoden

6.4.1 Bildauswertung/Bildbearbeitung

Alle Bildbearbeitungen wurden mit dem Programm GIMP durchgeführt. Die Bilder wurden nur hinsichtlich des Tonwertes und der Ausrichtung korrigiert. Fertige Abbildungen wurden mit dem Vektorzeichenprogramm ACD Canvas XI erstellt. Die Berechnung der Molekulargewichte der Proteine über die Größen der Markerproteine wurde mit dem Programm AIDA Image Analyzer angefertigt.

6.4.2 Textverarbeitung

Diese Arbeit wurde unter Microsoft Word 2010 erstellt. Referenzen wurden mittels EndNote X4 verwaltet und eingefügt.

7 Literatur- und Quellenangaben

Abbas-Terki, T., O. Donze, P.A. Briand, and D. Picard. 2001. Hsp104 interacts with Hsp90 cochaperones in respiring yeast. *Mol Cell Biol.* 21:7569-7575.

Agne, B., and F. Kessler. 2010. Modifications at the A-domain of the chloroplast import receptor Toc159. *Plant signaling & behavior.* 5.

Akbergenov, R., S. Zhanybekova, R.V. Kryldakov, A. Zhigailov, N.S. Polimbetova, T. Hohn, and B.K. Iskakov. 2004. ARC-1, a sequence element complementary to an internal 18S rRNA segment, enhances translation efficiency in plants when present in the leader or intercistronic region of mRNAs. *Nucleic Acids Res.* 32:239-247.

Akita, M., E. Nielsen, and K. Keegstra. 1997. Identification of protein transport complexes in the chloroplastic envelope membranes via chemical cross-linking. *The Journal of cell biology.* 136:983-994.

Albert, H. 1991. Traktat über kritische Vernunft. J.C.B. Mohr, Tübingen.

Alder, N.N., and S.M. Theg. 2003. Energetics of protein transport across biological membranes. a study of the thylakoid DeltapH-dependent/cpTat pathway. *Cell.* 112:231-242.

Andersson, M., A. Madgavkar, M. Stjerndahl, Y. Wu, W. Tan, R. Duran, S. Niehren, K. Mustafa, K. Arvidson, and A. Wennerberg. 2007a. Using optical tweezers for measuring the interaction forces between human bone cells and implant surfaces: System design and force calibration. *Rev Sci Instrum.* 78:074302.

Andersson, M.X., M. Goksor, and A.S. Sandelius. 2007b. Membrane contact sites: physical attachment between chloroplasts and endoplasmic reticulum revealed by optical manipulation. *Plant Signal Behav.* 2:185-187.

Annweiler, A., R.A. Hipskind, and T. Wirth. 1991. A strategy for efficient in vitro translation of cDNAs using the rabbit beta-globin leader sequence. *Nucleic Acids Res.* 19:3750.

Arnon, D.I. 1949. Copper Enzymes in Isolated Chloroplasts. Polyphenoloxidase in Beta Vulgaris. *Plant Physiol.* 24:1-15.

Aronsson, H., P. Boij, R. Patel, A. Wardle, M. Topel, and P. Jarvis. 2007. Toc64/OEP64 is not essential for the efficient import of proteins into chloroplasts in Arabidopsis thaliana. *The Plant journal : for cell and molecular biology.* 52:53-68.

Bauer, J., A. Hiltbrunner, P. Weibel, P.A. Vidi, M. Alvarez-Huerta, M.D. Smith, D.J. Schnell, and F. Kessler. 2002. Essential role of the G-domain in targeting of the protein import receptor atToc159 to the chloroplast outer membrane. *The Journal of cell biology.* 159:845-854.

Becker, T., J. Hritz, M. Vogel, A. Caliebe, B. Bukau, J. Soll, and E. Schleiff. 2004a. Toc12, a novel subunit of the intermembrane space preprotein translocon of chloroplasts. *Molecular biology of the cell.* 15:5130-5144.

Becker, T., M. Jelic, A. Vojta, A. Radunz, J. Soll, and E. Schleiff. 2004b. Preprotein recognition by the Toc complex. *The EMBO journal.* 23:520-530.

Bedard, J., and P. Jarvis. 2005. Recognition and envelope translocation of chloroplast preproteins. *Journal of experimental botany.* 56:2287-2320.

Benz, J.P., A. Stengel, M. Lintala, Y.H. Lee, A. Weber, K. Philippar, I.L. Gugel, S. Kaieda, T. Ikegami, P. Mulo, J. Soll, and B. Bolter. 2009. Arabidopsis Tic62 and ferredoxin-NADP(H) oxidoreductase form light-regulated complexes that are integrated into the chloroplast redox poise. *The Plant cell.* 21:3965-3983.

Berg, O.G., and C.G. Kurland. 2000. Why mitochondrial genes are most often found in nuclei. *Mol Biol Evol.* 17:951-961.

Biswas, T.K., and G.S. Getz. 2004. Requirement of different mitochondrial targeting sequences of the yeast mitochondrial transcription factor Mtf1p when synthesized in alternative translation systems. *The Biochemical journal.* 383:383-391.

Blagosklonny, M.V., J. Toretsky, S. Bohen, and L. Neckers. 1996. Mutant conformation of p53 translated in vitro or in vivo requires functional HSP90. *P Natl Acad Sci USA.* 93:8379-8383.

Blanchard, J.L., and M. Lynch. 2000. Organellar genes: why do they end up in the nucleus? *Trends Genet.* 16:315-320.

Block, M.A., A.J. Dorne, J. Joyard, and R. Douce. 1983. Preparation and characterization of membrane fractions enriched in outer and inner envelope membranes from spinach chloroplasts. II. Biochemical characterization. *The Journal of biological chemistry.* 258:13281-13286.

Bohnert, M., N. Pfanner, and M. van der Laan. 2007. A dynamic machinery for import of mitochondrial precursor proteins. *FEBS letters.* 581:2802-2810.

Bottcher, B., D. Scheide, M. Hesterberg, L. Nagel-Steger, and T. Friedrich. 2002. A novel, enzymatically active conformation of the Escherichia coli NADH:ubiquinone oxidoreductase (complex I). *The Journal of biological chemistry.* 277:17970-17977.

Brinkmann, H., and H. Philippe. 2007. The diversity of eukaryotes and the root of the eukaryotic tree. *Adv Exp Med Biol.* 607:20-37.

Bruce, B.D. 2000. Chloroplast transit peptides: structure, function and evolution. *Trends Cell Biol.* 10:440-447.

Bruce, B.D. 2001. The paradox of plastid transit peptides: conservation of function despite divergence in primary structure. *Biochimica et biophysica acta.* 1541:2-21.

Caliebe, A., R. Grimm, G. Kaiser, J. Lubeck, J. Soll, and L. Heins. 1997. The chloroplastic protein import machinery contains a Rieske-type iron-sulfur cluster and a mononuclear iron-binding protein. *The EMBO journal.* 16:7342-7350.

Cavalier-Smith, T. 2009. Megaphylogeny, cell body plans, adaptive zones: causes and timing of eukaryote basal radiations. *J Eukaryot Microbiol.* 56:26-33.

Chen, K.Y., and H.M. Li. 2007. Precursor binding to an 880-kDa Toc complex as an early step during active import of protein into chloroplasts. *The Plant journal : for cell and molecular biology.* 49:149-158.

Chen, X., M.D. Smith, L. Fitzpatrick, and D.J. Schnell. 2002. In vivo analysis of the role of atTic20 in protein import into chloroplasts. *The Plant cell.* 14:641-654.

Chigri, F., F. Hormann, A. Stamp, D.K. Stammers, B. Bolter, J. Soll, and U.C. Vothknecht. 2006. Calcium regulation of chloroplast protein translocation is mediated by calmodulin binding to Tic32. *P Natl Acad Sci USA.* 103:16051-16056.

Chiu, C.C., and H.M. Li. 2008. Tic40 is important for reinsertion of proteins from the chloroplast stroma into the inner membrane. *The Plant journal : for cell and molecular biology.* 56:793-801.

Chou, M.L., L.M. Fitzpatrick, S.L. Tu, G. Budziszewski, S. Potter-Lewis, M. Akita, J.Z. Levin, K. Keegstra, and H.M. Li. 2003. Tic40, a membrane-anchored co-chaperone homolog in the chloroplast protein translocon. *The EMBO journal.* 22:2970-2980.

Clark, S.E., and G.K. Lamppa. 1991. Determinants for cleavage of the chlorophyll a/b binding protein precursor: a requirement for a basic residue that is not universal for chloroplast imported proteins. *J Cell Biol.* 114:681-688.

Cline, K., M. Werner-Washburne, J. Andrews, and K. Keegstra. 1984. Thermolysin is a suitable protease for probing the surface of intact pea chloroplasts. *Plant physiology.* 75:675-678.

Corral-Debrinski, M. 2007. mRNA specific subcellular localization represents a crucial step for fine-tuning of gene expression in mammalian cells. *Biochim Biophys Acta.* 1773:473-475.

Criswell, D.C. 2009. A Review of Mitoribosome Structure and Function does not Support the Serial Endosymbiotic Theory. *Answers Research Journal.* 2009:107-115.

Crofts, A.J., H. Washida, T.W. Okita, M. Satoh, M. Ogawa, T. Kumamaru, and H. Satoh. 2005. The role of mRNA and protein sorting in seed storage protein synthesis, transport, and deposition. *Biochem Cell Biol.* 83:728-737.

Davidov, Y., and E. Jurkevitch. 2009. Predation between prokaryotes and the origin of eukaryotes. *Bioessays.* 31:748-757.

Davis, B.J. 1964. Disc Electrophoresis. Ii. Method and Application to Human Serum Proteins. *Ann N Y Acad Sci.* 121:404-427.

de Duve, C. 2007. The origin of eukaryotes: a reappraisal. *Nat Rev Genet.* 8:395-403.

Dessi, P., P.F. Pavlov, F. Wallberg, C. Rudhe, S. Brack, J. Whelan, and E. Glaser. 2003. Investigations on the in vitro import ability of mitochondrial precursor proteins synthesized in wheat germ transcription-translation extract. *Plant molecular biology.* 52:259-271.

Dhanoa, P.K., L.G. Richardson, M.D. Smith, S.K. Gidda, M.P. Henderson, D.W. Andrews, and R.T. Mullen. 2010. Distinct pathways mediate the sorting of tail-anchored proteins to the plastid outer envelope. *PLoS One.* 5:e10098.

Dolezal, P., V. Likic, J. Tachezy, and T. Lithgow. 2006. Evolution of the molecular machines for protein import into mitochondria. *Science.* 313:314-318.

Dormann, P., and C. Benning. 2002. Galactolipids rule in seed plants. *Trends in plant science.* 7:112-118.

Ellis, R.J. 1979. Most Abundant Protein in the World. *Trends Biochem Sci.* 4:241-244.

Embley, T.M., and W. Martin. 2006. Eukaryotic evolution, changes and challenges. *Nature.* 440:623-630.

Engelman, D.M. 2005. Membranes are more mosaic than fluid. *Nature.* 438:578-580.

Eubel, H., H.P. Braun, and A.H. Millar. 2005. Blue-native PAGE in plants: a tool in analysis of protein-protein interactions. *Plant Methods.* 1:11.

Faye, L., and H. Daniell. 2006. Novel pathways for glycoprotein import into chloroplasts. *Plant Biotechnol J.* 4:275-279.

Ferro, M., D. Salvi, S. Brugiere, S. Miras, S. Kowalski, M. Louwagie, J. Garin, J. Joyard, and N. Rolland. 2003. Proteomics of the chloroplast envelope membranes from Arabidopsis thaliana. *Mol Cell Proteomics.* 2:325-345.

Firlej-Kwoka, E., P. Strittmatter, J. Soll, and B. Bolter. 2008. Import of preproteins into the chloroplast inner envelope membrane. *Plant molecular biology.* 68:505-519.

Fischer, K., B. Arbinger, B. Kammerer, C. Busch, S. Brink, H. Wallmeier, N. Sauer, C. Eckerskorn, and U.I. Flugge. 1994. Cloning and in-Vivo Expression of Functional Triose Phosphate/Phosphate Translocators from C-3-Plants and C-4-Plants - Evidence for the Putative Participation of Specific Amino-Acid-Residues in the Recognition of Phosphoenolpyruvate. *Plant Journal.* 5:215-226.

Flugge, U.I., K. Fischer, A. Gross, W. Sebald, F. Lottspeich, and C. Eckerskorn. 1989. The triose phosphate-3-phosphoglycerate-phosphate translocator from spinach chloroplasts: nucleotide sequence of a full-length cDNA clone and import of the in vitro synthesized precursor protein into chloroplasts. *The EMBO journal.* 8:39-46.

Frielingsdorf, S., and R.B. Klosgen. 2007. Prerequisites for terminal processing of thylakoidal Tat substrates. *The Journal of biological chemistry.* 282:24455-24462.

Gaskova, D., B. Brodska, A. Holoubek, and K. Sigler. 1999. Factors and processes involved in membrane potential build-up in yeast: diS-C3(3) assay. *Int J Biochem Cell Biol.* 31:575-584.

Graven, S.N., O.S. Estrada, and H.A. Lardy. 1966. Alkali metal cation release and respiratory inhibition induced by nigericin in rat liver mitochondria. *P Natl Acad Sci USA.* 56:654-658.

Gröner, F. 2000. Studien zur Lokalisierung und Topologie von Transportproteinen der plastidären Hüllmembran. *Dissertation.* Universität Köln.

Guera, A., T. America, M. van Waas, and P.J. Weisbeek. 1993. A strong protein unfolding activity is associated with the binding of precursor chloroplast proteins to chloroplast envelopes. *Plant molecular biology.* 23:309-324.

Halperin, T., O. Ostersetzer, and Z. Adam. 2001. ATP-dependent association between subunits of Clp protease in pea chloroplasts. *Planta.* 213:614-619.

Hanahan, D. 1983. Studies on transformation of Escherichia coli with plasmids. *Journal of molecular biology.* 166:557-580.

Harper, S., and D.W. Speicher. 2001. Detection of proteins on blot membranes. *Curr Protoc Protein Sci.* Chapter 10:Unit 10 18.

Hasson, S.A., R. Damoiseaux, J.D. Glavin, D.V. Dabir, S.S. Walker, and C.M. Koehler. 2010. Substrate specificity of the TIM22 mitochondrial import pathway revealed with small molecule inhibitor of protein translocation. *P Natl Acad Sci USA.* 107:9578-9583.

Heins, L., A. Mehrle, R. Hemmler, R. Wagner, M. Kuchler, F. Hormann, D. Sveshnikov, and J. Soll. 2002. The preprotein conducting channel at the inner envelope membrane of plastids. *The EMBO journal.* 21:2616-2625.

Heukeshoven, J., and R. Dernick. 1988. Improved silver staining procedure for fast staining in PhastSystem Development Unit. I. Staining of sodium dodecyl sulfate gels. *Electrophoresis.* 9:28-32.
Hiltbrunner, A., J. Bauer, P.A. Vidi, S. Infanger, P. Weibel, M. Hohwy, and F. Kessler. 2001. Targeting of an abundant cytosolic form of the protein import receptor at Toc159 to the outer chloroplast membrane. *The Journal of cell biology.* 154:309-316.
Hinnah, S.C., K. Hill, R. Wagner, T. Schlicher, and J. Soll. 1997. Reconstitution of a chloroplast protein import channel. *The EMBO journal.* 16:7351-7360.
Hinnah, S.C., R. Wagner, N. Sveshnikova, R. Harrer, and J. Soll. 2002. The chloroplast protein import channel Toc75: pore properties and interaction with transit peptides. *Biophys J.* 83:899-911.
Hirsch, S., E. Muckel, F. Heemeyer, G. von Heijne, and J. Soll. 1994. A receptor component of the chloroplast protein translocation machinery. *Science.* 266:1989-1992.
Hofmann, N.R., and S.M. Theg. 2005. Protein- and energy-mediated targeting of chloroplast outer envelope membrane proteins. *Plant J.* 44:917-927.
Hormann, F., M. Kuchler, D. Sveshnikov, U. Oppermann, Y. Li, and J. Soll. 2004. Tic32, an essential component in chloroplast biogenesis. *The Journal of biological chemistry.* 279:34756-34762.
Horwich, A.L., and W.A. Fenton. 2009. Chaperonin-mediated protein folding: using a central cavity to kinetically assist polypeptide chain folding. *Q Rev Biophys.* 42:83-116.
Hust, B. 2007. Zur Rolle der Rezeptorkomponenten der Toc159-Familie in den Proteintransportkomplexen der äußeren Hüllmembran von Plastiden. *Dissertation.* MLU-Halle-Wittenberg.
Inaba, T., M. Li, M. Alvarez-Huerta, F. Kessler, and D.J. Schnell. 2003. atTic110 functions as a scaffold for coordinating the stromal events of protein import into chloroplasts. *The Journal of biological chemistry.* 278:38617-38627.
Inoue, K., A.J. Baldwin, R.L. Shipman, K. Matsui, S.M. Theg, and M. Ohme-Takagi. 2005. Complete maturation of the plastid protein translocation channel requires a type I signal peptidase. *The Journal of cell biology.* 171:425-430.
Ivanova, Y., M.D. Smith, K. Chen, and D.J. Schnell. 2004. Members of the Toc159 import receptor family represent distinct pathways for protein targeting to plastids. *Molecular biology of the cell.* 15:3379-3392.
Ivey, R.A., 3rd, and B.D. Bruce. 2000. In vivo and in vitro interaction of DnaK and a chloroplast transit peptide. *Cell Stress Chaperones.* 5:62-71.
Ivey, R.A., 3rd, C. Subramanian, and B.D. Bruce. 2000. Identification of a Hsp70 recognition domain within the rubisco small subunit transit peptide. *Plant physiology.* 122:1289-1299.
Jackson-Constan, D., M. Akita, and K. Keegstra. 2001. Molecular chaperones involved in chloroplast protein import. *Biochimica et biophysica acta.* 1541:102-113.
Janssen, F. 2005. Identifizierung der Signale für die Insertion von Proteinen in die innere plastidäre Hüllmembran. *Diplomarbeit.* MLU-Halle-Wittenberg.
Jarvis, P. 2008. Targeting of nucleus-encoded proteins to chloroplasts in plants. *New Phytol.* 179:257-285.
Jarvis, P., and J. Soll. 2002. Toc, tic, and chloroplast protein import. *Biochimica et biophysica acta.* 1590:177-189.
Jouhet, J., and J.C. Gray. 2009. Interaction of actin and the chloroplast protein import apparatus. *The Journal of biological chemistry.* 284:19132-19141.
Karlberg, E.O., and S.G. Andersson. 2003. Mitochondrial gene history and mRNA localization: is there a correlation? *Nat Rev Genet.* 4:391-397.
Kessler, F., and G. Blobel. 1996. Interaction of the protein import and folding machineries of the chloroplast. *P Natl Acad Sci USA.* 93:7684-7689.
Kessler, F., G. Blobel, H.A. Patel, and D.J. Schnell. 1994. Identification of two GTP-binding proteins in the chloroplast protein import machinery. *Science.* 266:1035-1039.
Kessler, F., and D.J. Schnell. 2002. A GTPase gate for protein import into chloroplasts. *Nat Struct Biol.* 9:81-83.
Kessler, F., and D.J. Schnell. 2004. Chloroplast protein import: solve the GTPase riddle for entry. *Trends Cell Biol.* 14:334-338.

Kessler, F., and D.J. Schnell. 2006. The function and diversity of plastid protein import pathways: a multilane GTPase highway into plastids. *Traffic.* 7:248-257.

Khyse-Anderson, J. 1988. Semi-dry electroblotting. *Handbook of immunoblotting of proteins.* Vol. I. :Bjerrum, O.J. and Heergard, N.H. (Editors).

Kikuchi, S., T. Hirohashi, and M. Nakai. 2006. Characterization of the preprotein translocon at the outer envelope membrane of chloroplasts by blue native PAGE. *Plant Cell Physiol.* 47:363-371.

Kikuchi, S., M. Oishi, Y. Hirabayashi, D.W. Lee, I. Hwang, and M. Nakai. 2009. A 1-megadalton translocation complex containing Tic20 and Tic21 mediates chloroplast protein import at the inner envelope membrane. *The Plant cell.* 21:1781-1797.

Kim, C., and K. Apel. 2004. Substrate-dependent and organ-specific chloroplast protein import in planta. *Plant Cell.* 16:88-98.

Klaholz, B.P. 2011. Molecular recognition and catalysis in translation termination complexes. *Trends Biochem Sci.*

Kouranov, A., X. Chen, B. Fuks, and D.J. Schnell. 1998. Tic20 and Tic22 are new components of the protein import apparatus at the chloroplast inner envelope membrane. *The Journal of cell biology.* 143:991-1002.

Kouranov, A., and D.J. Schnell. 1997. Analysis of the interactions of preproteins with the import machinery over the course of protein import into chloroplasts. *The Journal of cell biology.* 139:1677-1685.

Krause, M., R. Rudolph, and E. Schwarz. 2002. The non-ionic detergent Brij 58P mimics chaperone effects. *FEBS letters.* 532:253-255.

Ladig, R., M.S. Sommer, A. Hahn, M.S. Leisegang, D.G. Papasotiriou, M. Ibrahim, R. Elkehal, M. Karas, V. Zickermann, M. Gutensohn, U. Brandt, R.B. Klosgen, and E. Schleiff. 2011. A high-definition native PAGE system for the analysis of membrane complexes. *The Plant journal : for cell and molecular biology.*

Laemmli, U.K. 1970. Cleavage of structural proteins during the assembly of the head of bacteriophage T4. *Nature.* 227:680-685.

Lee, D.W., S. Lee, Y.J. Oh, and I. Hwang. 2009. Multiple Sequence Motifs in the Rubisco Small Subunit Transit Peptide Independently Contribute to Toc159-Dependent Import of Proteins into Chloroplasts. *Plant Physiology.* 151:129-141.

Lenaz, G., and M.L. Genova. 2010. Structure and organization of mitochondrial respiratory complexes: a new understanding of an old subject. *Antioxidants & redox signaling.* 12:961-1008.

Li, H.M., T. Moore, and K. Keegstra. 1991. Targeting of proteins to the outer envelope membrane uses a different pathway than transport into chloroplasts. *The Plant cell.* 3:709-717.

Lin, Y.F., H.M. Liang, S.Y. Yang, A. Boch, S. Clemens, C.C. Chen, J.F. Wu, J.L. Huang, and K.C. Yeh. 2009. Arabidopsis IRT3 is a zinc-regulated and plasma membrane localized zinc/iron transporter. *New Phytol.* 182:392-404.

Lister, R., J.M. Hulett, T. Lithgow, and J. Whelan. 2005. Protein import into mitochondria: origins and functions today (review). *Mol Membr Biol.* 22:87-100.

Liu, C., A.L. Young, A. Starling-Windhof, A. Bracher, S. Saschenbrecker, B.V. Rao, K.V. Rao, O. Berninghausen, T. Mielke, F.U. Hartl, R. Beckmann, and M. Hayer-Hartl. 2010. Coupled chaperone action in folding and assembly of hexadecameric Rubisco. *Nature.* 463:197-202.

Marchler-Bauer, A., and S.H. Bryant. 2004. CD-Search: protein domain annotations on the fly. *Nucleic Acids Res.* 32:W327-331.

Margulis, L., and D. Bermudes. 1985. Symbiosis as a mechanism of evolution: status of cell symbiosis theory. *Symbiosis.* 1:101-124.

Martin, T., R. Sharma, C. Sippel, K. Waegemann, J. Soll, and U.C. Vothknecht. 2006. A protein kinase family in Arabidopsis phosphorylates chloroplast precursor proteins. *The Journal of biological chemistry.* 281:40216-40223.

Martin, W., T. Rujan, E. Richly, A. Hansen, S. Cornelsen, T. Lins, D. Leister, B. Stoebe, M. Hasegawa, and D. Penny. 2002. Evolutionary analysis of Arabidopsis, cyanobacterial, and chloroplast genomes reveals plastid phylogeny and thousands of cyanobacterial genes in the nucleus. *Proc Natl Acad Sci U S A.* 99:12246-12251.

Matlack, K.E., B. Misselwitz, K. Plath, and T.A. Rapoport. 1999. BiP acts as a molecular ratchet during posttranslational transport of prepro-alpha factor across the ER membrane. *Cell.* 97:553-564.

May, T., and J. Soll. 2000. 14-3-3 proteins form a guidance complex with chloroplast precursor proteins in plants. *Plant Cell.* 12:53-64.

Medina, M. 2009. Structural and mechanistic aspects of flavoproteins: photosynthetic electron transfer from photosystem I to NADP+. *Febs J.* 276:3942-3958.

Michl, D., C. Robinson, J.B. Shackleton, R.G. Herrmann, and R.B. Klosgen. 1994. Targeting of proteins to the thylakoids by bipartite presequences: CFoII is imported by a novel, third pathway. *The EMBO journal.* 13:1310-1317.

Miernyk, J.A., N.B. Duck, R.G. Shatters, Jr., and W.R. Folk. 1992. The 70-Kilodalton Heat Shock Cognate Can Act as a Molecular Chaperone during the Membrane Translocation of a Plant Secretory Protein Precursor. *The Plant cell.* 4:821-829.

Miras, S., D. Salvi, L. Piette, D. Seigneurin-Berny, D. Grunwald, C. Reinbothe, J. Joyard, S. Reinbothe, and N. Rolland. 2007. Toc159- and Toc75-independent import of a transit sequence-less precursor into the inner envelope of chloroplasts. *J Biol Chem.* 282:29482-29492.

Mokranjac, D., and W. Neupert. 2010. The many faces of the mitochondrial TIM23 complex. *Biochimica et biophysica acta.* 1797:1045-1054.

Molik, S., I. Karnauchov, C.E. Weidlich, R.G. Herrmann, and R.B. Klosgen. 2001. The Rieske Fe/S protein of the cytochrome b(6)/f complex in chloroplasts - Missing link in the evolution of protein transport pathways in chloroplasts? *Journal of Biological Chemistry.* 276:42761-42766.

Morgante, M. 2006. Plant genome organisation and diversity: the year of the junk! *Curr Opin Biotechnol.* 17:168-173.

Murcha, M.W., D. Elhafez, R. Lister, J. Tonti-Filippini, M. Baumgartner, K. Philippar, C. Carrie, D. Mokranjac, J. Soll, and J. Whelan. 2007a. Characterization of the preprotein and amino acid transporter gene family in Arabidopsis. *Plant Physiol.* 143:199-212.

Murcha, M.W., D. Elhafez, R. Lister, J. Tonti-Filippini, M. Baumgartner, K. Philippar, C. Carrie, D. Mokranjac, J. Soll, and J. Whelan. 2007b. Characterization of the preprotein and amino acid transporter gene family in Arabidopsis. *Plant physiology.* 143:199-212.

Neupert, W., and M. Brunner. 2002. The protein import motor of mitochondria. *Nat Rev Mol Cell Biol.* 3:555-565.

Neupert, W., and J.M. Herrmann. 2007. Translocation of proteins into mitochondria. *Annu Rev Biochem.* 76:723-749.

Nielsen, E., M. Akita, J. Davila-Aponte, and K. Keegstra. 1997. Stable association of chloroplastic precursors with protein translocation complexes that contain proteins from both envelope membranes and a stromal Hsp100 molecular chaperone. *The EMBO journal.* 16:935-946.

Niepmann, M., and J. Zheng. 2006. Discontinuous native protein gel electrophoresis. *Electrophoresis.* 27:3949-3951.

Nimmesgern, E., and F.U. Hartl. 1993. ATP-dependent protein refolding activity in reticulocyte lysate. Evidence for the participation of different chaperone components. *FEBS letters.* 331:25-30.

Okita, T.W., and S.B. Choi. 2002. mRNA localization in plants: targeting to the cell's cortical region and beyond. *Curr Opin Plant Biol.* 5:553-559.

Ott, M., and J.M. Herrmann. 2010. Co-translational membrane insertion of mitochondrially encoded proteins. *Biochimica et biophysica acta.* 1803:767-775.

Perry, S.E., and K. Keegstra. 1994. Envelope membrane proteins that interact with chloroplastic precursor proteins. *The Plant cell.* 6:93-105.

Pisani, D., J.A. Cotton, and J.O. McInerney. 2007. Supertrees disentangle the chimerical origin of eukaryotic genomes. *Mol Biol Evol.* 24:1752-1760.

Popper, K. 2002. Logik der Forschung. Mohr Siebeck, Tübingen.

Qbadou, S., T. Becker, O. Mirus, I. Tews, J. Soll, and E. Schleiff. 2006. The molecular chaperone Hsp90 delivers precursor proteins to the chloroplast import receptor Toc64. *The EMBO journal.* 25:1836-1847.

Qbadou, S., R. Tien, J. Soll, and E. Schleiff. 2003. Membrane insertion of the chloroplast outer envelope protein, Toc34: constrains for insertion and topology. *J Cell Sci.* 116:837-846.

Reddick, L.E., P. Chotewutmontri, W. Crenshaw, A. Dave, M. Vaughn, and B.D. Bruce. 2008. Nanoscale characterization of the dynamics of the chloroplast Toc translocon. *Methods Cell Biol.* 90:365-398.
Reumann, S., J. Davila-Aponte, and K. Keegstra. 1999. The evolutionary origin of the protein-translocating channel of chloroplastic envelope membranes: identification of a cyanobacterial homolog. *P Natl Acad Sci USA.* 96:784-789.
Reumann, S., and K. Keegstra. 1999. The endosymbiotic origin of the protein import machinery of chloroplastic envelope membranes. *Trends in plant science.* 4:302-307.
Rial, D.V., A.K. Arakaki, and E.A. Ceccarelli. 2000. Interaction of the targeting sequence of chloroplast precursors with Hsp70 molecular chaperones. *European journal of biochemistry / FEBS.* 267:6239-6248.
Richardson, L.G., M. Jelokhani-Niaraki, and M.D. Smith. 2009. The acidic domains of the Toc159 chloroplast preprotein receptor family are intrinsically disordered protein domains. *BMC Biochem.* 10:35.
Richter, S., and G.K. Lamppa. 2003. Structural properties of the chloroplast stromal processing peptidase required for its function in transit peptide removal. *J Biol Chem.* 278:39497-39502.
Rolland, N., M. Ferro, D. Seigneurin-Berny, J. Garin, R. Douce, and J. Joyard. 2003. Proteomics of chloroplast envelope membranes. *Photosynth Res.* 78:205-230.
Rosenbaum Hofmann, N., and S.M. Theg. 2005. Toc64 is not required for import of proteins into chloroplasts in the moss Physcomitrella patens. *The Plant journal : for cell and molecular biology.* 43:675-687.
Roth, C., G. Menzel, J.M. Petetot, S. Rochat-Hacker, and Y. Poirier. 2004. Characterization of a protein of the plastid inner envelope having homology to animal inorganic phosphate, chloride and organic-anion transporters. *Planta.* 218:406-416.
Rudhe, C., R. Clifton, O. Chew, K. Zemam, S. Richter, G. Lamppa, J. Whelan, and E. Glaser. 2004. Processing of the dual targeted precursor protein of glutathione reductase in mitochondria and chloroplasts. *Journal of molecular biology.* 343:639-647.
Ruprecht, M., T. Bionda, T. Sato, M.S. Sommer, T. Endo, and E. Schleiff. 2010. On the impact of precursor unfolding during protein import into chloroplasts. *Molecular plant.* 3:499-508.
Sambrook, J., and Russell, D. 2001. Molecular cloning: a laboratory manual. 3rd ed. Cold Spring Harbor (NY). Cold Spring Harbor Laboratory Press.
Schagger, H. 2006. Tricine-SDS-PAGE. *Nature protocols.* 1:16-22.
Schagger, H., W.A. Cramer, and G. von Jagow. 1994. Analysis of molecular masses and oligomeric states of protein complexes by blue native electrophoresis and isolation of membrane protein complexes by two-dimensional native electrophoresis. *Analytical biochemistry.* 217:220-230.
Schagger, H., and G. von Jagow. 1991. Blue native electrophoresis for isolation of membrane protein complexes in enzymatically active form. *Analytical biochemistry.* 199:223-231.
Schattat, M.H., K. Barton, B. Baudisch, R.B. Klossgen, and J. Mathur. 2011. Plastid stromule branching coincides with contiguous ER dynamics. *Plant Physiol.*
Schimerlik, M.I. 2001. Overview of membrane protein solubilization. *Curr Protoc Neurosci.* Chapter 5:Unit 5 9.
Schleiff, E., and T. Becker. 2011. Common ground for protein translocation: access control for mitochondria and chloroplasts. *Nat Rev Mol Cell Biol.* 12:48-59.
Schleiff, E., L.A. Eichacker, K. Eckart, T. Becker, O. Mirus, T. Stahl, and J. Soll. 2003a. Prediction of the plant beta-barrel proteome: a case study of the chloroplast outer envelope. *Protein Sci.* 12:748-759.
Schleiff, E., M. Jelic, and J. Soll. 2003b. A GTP-driven motor moves proteins across the outer envelope of chloroplasts. *Proc Natl Acad Sci U S A.* 100:4604-4609.
Schleiff, E., and R.B. Klosgen. 2001. Without a little help from 'my' friends: direct insertion of proteins into chloroplast membranes? *Biochim Biophys Acta.* 1541:22-33.
Schleiff, E., M. Motzkus, and J. Soll. 2002. Chloroplast protein import inhibition by a soluble factor from wheat germ lysate. *Plant molecular biology.* 50:177-185.
Schleiff, E., J. Soll, M. Kuchler, W. Kuhlbrandt, and R. Harrer. 2003c. Characterization of the translocon of the outer envelope of chloroplasts. *J Cell Biol.* 160:541-551.

Schnell, D.J., and G. Blobel. 1993. Identification of intermediates in the pathway of protein import into chloroplasts and their localization to envelope contact sites. *The Journal of cell biology.* 120:103-115.

Schnell, D.J., F. Kessler, and G. Blobel. 1994. Isolation of components of the chloroplast protein import machinery. *Science.* 266:1007-1012.

Scott, S.V., and S.M. Theg. 1996. A new chloroplast protein import intermediate reveals distinct translocation machineries in the two envelope membranes: energetics and mechanistic implications. *The Journal of cell biology.* 132:63-75.

Seedorf, M., K. Waegemann, and J. Soll. 1995. A constituent of the chloroplast import complex represents a new type of GTP-binding protein. *The Plant journal : for cell and molecular biology.* 7:401-411.

Shibata, K., S. Abe, and E. Davies. 2001. Structure of the coding region and mRNA variants of the apyrase gene from pea (Pisum sativum). *Acta Physiol Plant.* 23:3-13.

Smith, M.D., A. Hiltbrunner, F. Kessler, and D.J. Schnell. 2002. The targeting of the atToc159 preprotein receptor to the chloroplast outer membrane is mediated by its GTPase domain and is regulated by GTP. *The Journal of cell biology.* 159:833-843.

Smith, M.D., C.M. Rounds, F. Wang, K. Chen, M. Afitlhile, and D.J. Schnell. 2004. atToc159 is a selective transit peptide receptor for the import of nucleus-encoded chloroplast proteins. *The Journal of cell biology.* 165:323-334.

Sokolenko, A., S. Lerbs-Mache, L. Altschmied, and R.G. Herrmann. 1998. Clp protease complexes and their diversity in chloroplasts. *Planta.* 207:286-295.

Spelsberg, T.C., G.D. Reinhart, and S. Barham. 1984. The isolation of large quantities of undamaged cellular organelles and cytosolic enzymes using a low-shear continuous tissue homogenizer. *Analytical biochemistry.* 143:237-248.

Su, P.H., and H.M. Li. 2010. Stromal Hsp70 is important for protein translocation into pea and Arabidopsis chloroplasts. *The Plant cell.* 22:1516-1531.

Sveshnikova, N., J. Soll, and E. Schleiff. 2000. Toc34 is a preprotein receptor regulated by GTP and phosphorylation. *P Natl Acad Sci USA.* 97:4973-4978.

Swamy, M., S. Minguet, G.M. Siegers, B. Alarcon, and W.W. Schamel. 2007. A native antibody-based mobility-shift technique (NAMOS-assay) to determine the stoichiometry of multiprotein complexes. *J Immunol Methods.* 324:74-83.

Takagi, S., H. Takamatsu, and N. Sakurai-Ozato. 2009. Chloroplast anchoring: its implications for the regulation of intracellular chloroplast distribution. *Journal of experimental botany.* 60:3301-3310.

Teusink, B., and H.V. Westerhoff. 2000. 'Slave' metabolites and enzymes. A rapid way of delineating metabolic control. *European journal of biochemistry / FEBS.* 267:1889-1893.

Tissier, C., C.A. Woolhead, and C. Robinson. 2002. Unique structural determinants in the signal peptides of "spontaneously" inserting thylakoid membrane proteins. *European journal of biochemistry / FEBS.* 269:3131-3141.

Tu, S.L., and H.M. Li. 2000. Insertion of OEP14 into the outer envelope membrane is mediated by proteinaceous components of chloroplasts. *The Plant cell.* 12:1951-1960.

Tusnady, G.E., and I. Simon. 2001. The HMMTOP transmembrane topology prediction server. *Bioinformatics.* 17:849-850.

Van Coster, R., J. Smet, E. George, L. De Meirleir, S. Seneca, J. Van Hove, G. Sebire, H. Verhelst, J. De Bleecker, B. Van Vlem, P. Verloo, and J. Leroy. 2001. Blue native polyacrylamide gel electrophoresis: a powerful tool in diagnosis of oxidative phosphorylation defects. *Pediatr Res.* 50:658-665.

Viana, A.A., M. Li, and D.J. Schnell. 2010. Determinants for stop-transfer and post-import pathways for protein targeting to the chloroplast inner envelope membrane. *The Journal of biological chemistry.* 285:12948-12960.

Villarejo, A., S. Buren, S. Larsson, A. Dejardin, M. Monne, C. Rudhe, J. Karlsson, S. Jansson, P. Lerouge, N. Rolland, G. von Heijne, M. Grebe, L. Bako, and G. Samuelsson. 2005. Evidence for a protein transported through the secretory pathway en route to the higher plant chloroplast. *Nat Cell Biol.* 7:1224-1231.

Vladkova, R., R. Koynova, K. Teuchner, and B. Tenchov. 2010. Bilayer structural destabilization by low amounts of chlorophyll a. *Biochimica et biophysica acta*. 1798:1586-1592.

Voigt, A., M. Jakob, R.B. Klosgen, and M. Gutensohn. 2005. At least two Toc34 protein import receptors with different specificities are also present in spinach chloroplasts. *FEBS letters*. 579:1343-1349.

Vothknecht, U.C., and P. Westhoff. 2001. Biogenesis and origin of thylakoid membranes. *Biochimica et biophysica acta*. 1541:91-101.

Waegemann, K., H. Paulsen, and J. Soll. 1990. Translocation of Proteins into Isolated-Chloroplasts Requires Cytosolic Factors to Obtain Import Competence. *Febs Letters*. 261:89-92.

Waegemann, K., and J. Soll. 1996. Phosphorylation of the transit sequence of chloroplast precursor proteins. *Journal of Biological Chemistry*. 271:6545-6554.

Wallas, T.R., M.D. Smith, S. Sanchez-Nieto, and D.J. Schnell. 2003. The roles of toc34 and toc75 in targeting the toc159 preprotein receptor to chloroplasts. *The Journal of biological chemistry*. 278:44289-44297.

Walsh, P., D. Bursac, Y.C. Law, D. Cyr, and T. Lithgow. 2004. The J-protein family: modulating protein assembly, disassembly and translocation. *EMBO Rep*. 5:567-571.

Wang, N., R. Daniels, and D.N. Hebert. 2005. The cotranslational maturation of the type I membrane glycoprotein tyrosinase: the heat shock protein 70 system hands off to the lectin-based chaperone system. *Molecular biology of the cell*. 16:3740-3752.

Weber, A.P., R. Schwacke, and U.I. Flugge. 2005. Solute transporters of the plastid envelope membrane. *Annu Rev Plant Biol*. 56:133-164.

Wieser, W. 1994. Cost of growth in cells and organisms: general rules and comparative aspects. *Biol Rev Camb Philos Soc*. 69:1-33.

Willmund, F., K.V. Dorn, M. Schulz-Raffelt, and M. Schroda. 2008. The chloroplast DnaJ homolog CDJ1 of Chlamydomonas reinhardtii is part of a multichaperone complex containing HSP70B, CGE1, and HSP90C. *Plant physiology*. 148:2070-2082.

Wittig, I., M. Karas, and H. Schagger. 2007. High resolution clear native electrophoresis for in-gel functional assays and fluorescence studies of membrane protein complexes. *Molecular & cellular proteomics : MCP*. 6:1215-1225.

Wittig, I., and H. Schagger. 2009. Native electrophoretic techniques to identify protein-protein interactions. *Proteomics*. 9:5214-5223.

Yeh, Y.H., M.M. Kesavulu, H.M. Li, S.Z. Wu, Y.J. Sun, E.H. Konozy, and C.D. Hsiao. 2007. Dimerization is important for the GTPase activity of chloroplast translocon components atToc33 and psToc159. *The Journal of biological chemistry*. 282:13845-13853.

Yu, M.A., and S. Damodaran. 1991. Kinetics of Protein Foam Destabilization - Evaluation of a Method Using Bovine Serum-Albumin. *J Agr Food Chem*. 39:1555-1562.

8 Abbildungsverzeichnis

Abb. 1 Schema des Proteintransports in Chloroplasten. 4
Abb. 2 Schema Transitpeptid Interaktoren im Zytosol. 7
Abb. 3 Detailliertes Schema der Zusammensetzung der Proteintransportmaschinerie der Chloroplastenhülle. 9
Abb. 4 Chaperonin Klasse I aus *Escherichia coli*. 13
Abb. 5 Schema Standardproteinimport in Chloroplasten. 18
Abb. 6 Chloroplasten importieren spezifisch plastidäre Proteine. 20
Abb. 7 Subfraktionierung der Chloroplasten nach Import. 22
Abb. 8 Verwandtschaftsanalyse von HP30 Protein. 23
Abb. 9 Sequenzvergleich von Tim17/Tim22/Tim23 Homologen. 24
Abb. 10 Import der putativen TocTic Untereinheitenfamilie HP20~30. 25
Abb. 11 Evaluierung von Nativ-Gelelektrophorese-Methoden. 29
Abb. 12 Analyse von mitochondrialen Membranen mittels nativer PAGE. 33
Abb. 13 Auftrennung chloroplastidärer & thylakoidärer Proteinkomplexe mittels nativer Gelektrophorese. 35
Abb. 14 Analyse der Proteinkomplexe der äußeren und inneren Hüllmembran von Erbsenchloroplasten durch native PAGE. 37
Abb. 15 Darstellungsqualität der drei Nativgelsysteme von radioaktiven Proben. 39
Abb. 16 Untersuchung von Translationskomplexen in Retikulozytenlysat. 40
Abb. 17 Einfluss der Aufschlussmethodik des Blattmaterials auf die Darstellbarkeit von Transportintermediaten. 42
Abb. 18 Einfluss des Redoxgrades vom Importpuffer und der Qualität vom bovinen Serumalbumin (BSA) auf die Importrate. 43
Abb. 19 Vergleich verschiedener Arretierungs- bzw. Retardierungsmethoden des Proteinimportes 45
Abb. 20 Einfluss der Detergentien auf die Darstellung von Transportintermediaten. . 46
Abb. 21 Gegenüberstellung nativer und denaturierender Gelelektrophorese verschiedener Vorläuferproteine. 49

Abb. 22 Vergleich Importe von Toc/Tic Untereinheiten mittels Nativgelelektrophorese. 51

Abb. 23 Vergleich div. Deletions- und Fusionskonstruktion von TPT auf Darstellung von Transportintermediaten 53

Abb. 24 Unterschiede der äußeren (Apyrase) und inneren (Ionophor) ATP-Depletion. 56

Abb. 25 Strukturformeln von ATP (A) und yS_ATP (B)..57

Abb. 26 Einfluss von yS_ATP auf den Proteintransport am Chloroplasten...................58

Abb. 27 Erweiterte Analyse der Effekte von yS_ATP Zugabe auf den Proteinimport am Chloroplasten...59

Abb. 28 Einfluss des Translationssystems auf die Darstellung von Transportintermediaten...62

Abb. 29 Vergleich des Importes in Chloroplasten aus Erbse oder Spinat....................63

Abb. 30 Zeitliche Abhängigkeit des Proteinimportes unter Standardbedingungen........65

Abb. 31 Zeitlicher Verlauf des Proteinimportes von Toc/Tic-Untereinheiten. 67

Abb. 32 Zeitlicher Verlauf des Importes von tpTPT_EGFP unter yS_ATP Einfluss. 68

Abb. 33 Proteasebehandlung von Proteinimporten, native Darstellung.........................69

Abb. 34 Subfraktionierung der Chloroplasten nach Import.. 71

Abb. 35 Zwei dimensionale Gelelektrophoreseanalyse. SDS-PAGE (2. Dimension) von hrCN-PAGE-Gellaufspuren 73

Abb. 36 Native & denaturierende Gelelektrophorese von Kompetitionsexperimenten des Proteinimportes..74

Abb. 37 Antikörpershift der Transportintermediate vom Proteinimport........................77

Abb. 38 Schematische Darstellung der Präparation von Proteintransportkomplexen von Chloroplasten nach Importreaktion im biochemischen Maßstab. 79

Abb. 39 Proteinfärbung von Nach-Import-Envelopmembranen..80

Abb. 40 Zweidimensionale Auftrennung von Nach-Import-Chloroplasthüllmembranen..82

Abb. 41 Identifikation einzelner Proteinspots der 2D-Gelanalyse mittels „Western"-Analyse...84

Abb. 42 Berechnungen der Molekulargewichte ausgesuchter Proteinspots der TPT-2D-Gelanalysen. 87

Abb. 43 „3D-Analyse" der Proteintransportkomplexe in den Hüllmembranen des Chloroplasten. 89

Abb. 44 Schematische Darstellung von zwei K700 / cpn60-Komplexen 105

Abb. 45 Schematische Darstellung des K750 / Toc-Kernkomplex. 108

Abb. 46 Schematische Darstellung eines K200 / Tic110 Dimer 109

Abb. 47 Schematische Darstellung der Schnittstelle zwischen K750 und K920 115

Abb. 48 Schematische Darstellung des TocTic-Superkomplex mit K920. 119

9 Tabellenverzeichnis

Tabelle 1. Zusammensetzung Kulturmedium Spinat 120

Tabelle 2. Übersicht der benutzten Vektoren 121

Tabelle 3. Übersicht der benutzten Enzyme 122

Tabelle 4. Übersicht der benutzten Reaktionskits 122

Tabelle 5. Übersicht der benutzten Größenstandards 123

Tabelle 6. Zusammenstellung der benutzten Primer 123

Tabelle 7. Übersicht der benutzten cDNA-Klone 124

Tabelle 8. Zusammenstellung der benutzten primären Antikörper 126

Tabelle 9. Zusammenstellung der benutzten Puffer zur Chloroplastenpräparation ... 128

Tabelle 10. Pippetierschema zur *in vitro* Proteinsynthese mittels *Flexi*® *Rabbit Reticulo¬cyte Lysate System* 129

Tabelle 11. Pipettierschema zur *in vitro* Proteinsynthese mittels *Wheat Germ Extract* 129

Tabelle 12. Pipettierschema für *in organello* Importreaktion 130

Tabelle 13. Übersicht der benutzten Puffer der Importreaktion sowie anschließender Probenlyse 131

Tabelle 14 Zusammensetzung des HM-Puffers 133

Tabelle 15. Übersicht der Puffer der HDN-PAGE 135

Tabelle 16. Zusammenstellung der Puffer des III-Puffer-Blotting-Systems 136

Tabelle 17. Übersicht der benutzten Puffer zur Protein-Immunodetektion 137

Tabelle 18. Zusammensetzung der Coomassie-Färbelösung 138

Tabelle 19 Zusammensetzung der Puffer für Strep-Tag *Pulldownassay* 139

Publikationsliste

Ladig R, Sommer MS, Hahn A, Leisegang MS, Papasotiriou DG, Ibrahim M, Elkehal R, Karas M, Zickermann V, Gutensohn M, Brandt U, Klösgen RB, Schleiff E. (2011) A high-definition native polyacrylamide gel electrophoresis system for the analysis of membrane complexes. *Plant J.* 2011 Mar 18. doi: 10.1111/j.1365-313X.2011.04577.x. [*Epub ahead of print*]

Noack H, Bednarek T, Heidler J, Ladig R, Holtz J, Szibor M. (2006) TFAM-dependent and independent dynamics of mtDNA levels in C2C12 myoblasts caused by redox stress. *Biochim Biophys Acta.* 2006 Feb;1760(2):141-50.

Danksagung

Zuallererst möchte ich natürlich Prof. Dr. Ralf Bernd Klösgen für die Möglichkeit danken, dass ich meine Dissertation in seiner Arbeitsgruppe anfertigen konnte. Dabei habe ich seine Art im persönlichen Umgang mehr und mehr schätzen gelernt, besonders was seine fachliche Kompetenz und Diskussionsbereitschaft angeht. Nicht zuletzt fand ich es sehr schön zu sehen, dass ein Professor auch die soziale Kompetenz besitzen kann, bei Freizeitaktivitäten der AG den Zusammenhalt und Gemeinschaftssinn der Gruppe zu fördern und konsolidieren.

Mein ganz besonderer Dank gilt Prof. Dr. Enrico Schleiff, der mich sehr motiviert und gefördert hat, sodass ich durch seine Unterstützung nicht nur meine Premiere als Erstautor einer Monografie in der wissenschaftlichen Gemeinschaft feiern konnte, sondern auch einen fachlich sehr erkenntnis- und lehrreichen sowie privat mehr als unterhaltsamen gastwissenschaftlichen Aufenthalt in der schönen Main-Metropole Frankfurt hatte.

In diesem Zusammenhang möchte ich mich auch bei der gesamten AG Schleiff und besonders dem „Toc-Labor" für die aufgeschlossene und herzliche Art und Weise bedanken, in der sie mich in dieser Zeit aufgenommen, unterstützt und unterhalten haben. Mein spezieller Dank geht dabei an Anja, Maik, Petra und Tihana, die mit mir ihr Dach geteilt und ein Bett überlassen haben.

Herzlich danken möchte ich Prof. Dr. Rainer Rudolph für sein Interesse an meiner Arbeit und die motivierenden Gespräche, die mir immer das Gefühl vermittelten, auf „Augenhöhe" zu diskutieren.

Ein besonderer Dank gilt Friederike, die mich in die „Geheimnisse" des *in organello* Importes und der Hüllmembranpräparation eingeweiht und so den Grundstein für diese Arbeit gelegt hat.

Weiterhin möchte ich mich bei Alexander YS2000 bedanken für die technische Unterstützung bei der Darstellung der grafischen, dreidimensionalen Modelle.

Ganz besonders möchte ich mich bei den „Bewohnern" des Büro 242 für die kollegiale Atmosphäre und den nie enden wollenden Bereitschaft zur Diskussion aller möglichen Themen diesseits und jenseits des Laboralltags bedanken. Nicht zuletzt möchte ich natürlich auch allen anderen ehemaligen und aktuellen Mitgliedern der AG Rabe für den herzlichen Umgang und die produktive Arbeitsumgebung einen Dank aussprechen.

Dem AG Rabe Kernkomplex (Anja, Anna, Bianca, Haui, *myself*, Stefan) möchte ich danken für die intensive Evaluierung von nächtlich utilisierten Kulturvertretern der Cannabaceae-

Familie, sowie für die Diskussion grundlegender Fragen um die Notwendigkeit der (Nicht-) Existenz im klassischen Sinne und darüber hinaus.

Frau Rose möchte ich für ihren Kampf gegen die nie enden wollende Flut meiner leeren Spitzenkästen danken. Ohne Sie hätte ich wahrscheinlich in der ersten Hälfte der Arbeit aufhören müssen.

Nicht zu vergessen, möchte ich auch Dr. Michael Gutensohn für sein Wirken danken.

Der Familie meines Onkels möchte ich sagen, dass ich ihnen sehr dankbar für die herzliche Aufnahme in ihrem Haus in Mühltal (Waschenbach) bin. Dadurch war es mir erst möglich, in Frankfurt (Main) zu arbeiten. Ich habe mich bei euch wie zu Hause gefühlt und hoffe, ich kann mich irgendwann mal dafür revanchieren.

Ein ganz besonderer Dank gilt meinen beiden Familien Ladig & Wagner, die mich während der gesamten Zeit meines Studiums und der Promotion immerfort unterstützt und diese Arbeit erst möglich gemacht haben. Ich schöpfe große Teile meiner Kraft und Inspiration aus eurem Dasein!

Buy your books fast and straightforward online - at one of world's fastest growing online book stores! Environmentally sound due to Print-on-Demand technologies.

Buy your books online at
www.get-morebooks.com

Kaufen Sie Ihre Bücher schnell und unkompliziert online – auf einer der am schnellsten wachsenden Buchhandelsplattformen weltweit! Dank Print-On-Demand umwelt- und ressourcenschonend produziert.

Bücher schneller online kaufen
www.morebooks.de

VDM Verlagsservicegesellschaft mbH
Heinrich-Böcking-Str. 6-8
D - 66121 Saarbrücken

Telefon: +49 681 3720 174
Telefax: +49 681 3720 1749

info@vdm-vsg.de
www.vdm-vsg.de

MIX
Papier aus verantwortungsvollen Quellen
Paper from responsible sources
FSC® C105338

Printed by Books on Demand GmbH, Norderstedt / Germany